まえがき

『複素数は，好きになれない』
『何のためにあんなものを使うのか』
『関数論の授業が始まったけれど，どうもシックリこない』
『教科書を開いても，活字は目に入ってくるけれど，どうも頭に入ってこない感じがする』

こんな人のために，本書を書いた。

複素関数論——複素変数 z の関数 $f(z)$ の理論——は，ひとつの大きな流れを持っている。うねりと言ってもよいかも知れない。この流れをつかまないと，その真の姿は見えてこない。教科書の「定義・定理・証明」という構造の中に埋もれて，とかく見失いがちなこの流れを，応用のために学ぶという立場に立って，なるべく捉えやすい形で示すことにより，複素関数論を納得しようというのが，本書の目的である。この目的のために，「なっとくシリーズ」の他書と同様，教科書一般に課されるあらゆる枠を取り払い——と言っても，著者の頭で思いつく範囲のことしかできないのであるが——筆のおもむくまま気の向くままに従って，自由な記述を採用した。

複素関数論の重要な効用として，種々の定積分を容易に計算できるということが広く知られている。そこで，本書では，これを読者の達成すべき目標として設定した。そして，ここに到る過程に脚光を当て，この流れを浮き彫りにすることにより，複素関数論を理解するという構成にした。したがって，この流れに不要な枝葉の部分は切り棄てた。

複素関数について学ぶには，その前段階として，複素数に慣れている必要がある。複素数は高等学校で学ぶことになっているが，これに弱い大学生が多い現状を考慮して，初めの部分では，複素数についての説明をていねいに行った。

    2000 年 春

小 野 寺 嘉 孝

本書の構成

　本書は，読者がはじめから順を追って読むことを想定して書かれている．ただし，本書のように教科書でない本の場合には，拾い読みをする読者もけっこういるだろう．もしも拾い読みをする場合には，索引を上手に利用していただきたい．

　本書の構成がどうなっているかを，ここで手短に説明しておこう．簡単のために，ここでは，第 N 章を $\boxed{N}$ と書くことにする．

　最初の章 $\boxed{1}$ は，読者に動機づけを与えるために置かれている．動機というのは，何でもよいのである．勉強しておけば将来何か役に立ちそうな予感がするとか，何となく面白そうだとか——とにかく，何かを始めることのできるキッカケが得られれば，それでよいのである．そのための役に少しは立つかもしれないというので，この章は用意されている．

　$\boxed{2}$ は，複素関数論以前の話である．複素数に関する基礎的な事項が，ここに書かれている．多くの読者にとって，この部分は復習事項であろう．

　複素関数論が始まるのは $\boxed{3}$ である．ここでは，正則な（微分可能な）複素関数の性質が議論される．この部分を正確に《感じ取る》ことが，まえがきに述べた「流れ」を理解する上で重要である．それができれば，あとは自然な流れに乗って $\boxed{6}$ に到る．ここまでを，読者のとりあえずの目標と考えていただきたい．$\boxed{7}$ $\boxed{8}$ は，$\boxed{6}$ の延長である．そして，複素関数論の《らしさ》が鮮明に現れるのは，$\boxed{9}$ 以降である．余裕があれば，ここまで読んでほしい．

　終りに一言．「なっとくする」とは，何となく分かったような気持ちになることではない．分かったはずのことが，実際に使えなければ，本当に分かったことにはならない．このあたりが，理系の勉強の厳しさである．数学の場合には，問題を解くことにより，これを自分で確認できる．そのために，本書では，演習問題を章末に置くのではなく，本文の中に埋め込んだ．

なっとくする複素関数　　　目次

まえがき ……………………………………………………………… i

本書の構成 ………………………………………………………… ii

第1章　複素関数―何のために学ぶか …………………… 1

何のために …………………………………………………………… 1
物理では，どんなときに複素数を使うか ………………………… 2
定積分の計算 ………………………………………………………… 4
解析接続 ……………………………………………………………… 5
玲瓏なる境地 ………………………………………………………… 7
割り込みチャイム …………………………………………………… 8

第2章　複素数の世界 …………………………………… 9

複素平面 ……………………………………………………………… 9
共役複素数 …………………………………………………………… 10
複素数の絶対値 ……………………………………………………… 10
初等関数 ……………………………………………………………… 11
指数関数 ……………………………………………………………… 12
三角関数 ……………………………………………………………… 13
　指数関数の計算間違い …………………………………………… 14
オイラーの公式 ……………………………………………………… 15
オイラーの公式の美しさ …………………………………………… 17
アインシュタインの相対性理論の美しさ ………………………… 17
複素数を使って強制振動の微分方程式を解く …………………… 19
特解を求める ………………………………………………………… 21
cos の代わりに sin の場合 ………………………………………… 22
一般解と特解 ………………………………………………………… 23

斉次方程式の解を求める	24
一般解を求める	27
特解の物理的な意味	28
「定常」とは	29
複素数を極形式で表す	29
偏角の範囲	31
偏角は変な角？	32
1 の n 乗根を求める	33
偏角という言葉の意味	34
偏角とコンピュータ	34
無限遠点 $\infty, +\infty, -\infty$	34
線形と1次は同じ？	36
線形な微分方程式	38

第3章 正則な関数の世界 ……… 39

微分可能——実関数の場合	39
「微分可能」を言い換える	40
微分可能——複素関数の場合	41
小さな違いが大きな違い	41
ここでも「微分可能」を言い換える	43
コーシー・リーマン方程式	44
コーシー・リーマン方程式を導く	45
正則な関数	46
特異点	47
正則な関数はノッペラボー	48
複素積分	49
混線に注意	50
コーシーの積分定理	53
積分路を変形する	55
流れ図	56
経路に依存する複素積分の例	57
偏角に御用心	59
複素積分と不定積分	60

|　思い違い ··· 61

第4章　ベキ級数，テイラー展開　　　　　　　　　　　　　63

|　ベキ級数 ··· 63
|　テイラー展開 ··· 65
|　実関数のテイラー展開とどう違う ·· 66
|　テイラー展開は面倒くさい ·· 67

第5章　特異点，留数　　　　　　　　　　　　　　　　　　73

|　特異点 ··· 73
|　孤立特異点の分類 ·· 73
|　ローラン展開 ··· 74
|　留数定理 ·· 76
|　　(5.9)式の証明 ·· 78
|　留数定理の感想 ·· 78
|　留数を求める ··· 79

第6章　応用，定積分の計算　　　　　　　　　　　　　　　85

|　三角関数を含む定積分 ··· 85
|　有理関数の定積分 ·· 87
|　積分路の選択 ··· 89
|　フーリエ変換型の定積分 ·· 90
|　ひとまず卒業 ··· 93

第7章　主値積分　　　　　　　　　　　　　　　　　　　　95

|　主値積分 ·· 95
|　主値積分を求める ·· 97

第8章 分岐点をもつ関数 …… 101

分岐点 …… 101
多価関数への対処法 …… 102
切断 …… 102
分岐点をもつ関数の定積分 …… 103
多価関数 …… 107
指数関数の定義は …… 109
ベキ乗関数の定義は …… 111

第9章 解析接続へ …… 113

流れ図 …… 113
ふたたび始まる物語 …… 113
et tu, Brute！ …… 113
コーシーの積分公式 …… 114
グルサの公式 …… 115
テイラー展開 …… 116
一致の定理 …… 118
一致の定理が意味すること …… 119
「一致」とは …… 121
解析接続の補助定理 …… 121
解析接続 …… 122
いくつかの例 …… 123
解析接続は「開け，胡麻！」 …… 125
ガンマ関数 …… 128
ガンマ関数は階乗の解析接続？ …… 129

第10章 リーマン面 …… 131

切り紙細工 …… 131
ふたたび分岐点 …… 133
$z^{\frac{1}{2}}$ を1価関数に …… 133

切り紙細工をもういちど	134
$z^{\frac{1}{2}}$ を含む関数の積分	136
どっちがどっち？	137
またまた切り紙細工	137
リーマン面と偏角	139
どっちのシートを取るべきか	139
振動数が複素数とは	141
これでおしまい	143

演習問題解答 …………………………………… 144
あとがき ………………………………………… 155

索引 ……………………………………………… 156

装幀/海野幸裕

第1章
複素関数──何のために学ぶか

　複素数は，2次方程式を解くための必要から生まれた。高等学校の数学でよく知っているように，判別式が正または0ならば，2次方程式は，実数を使って解ける。しかし，判別式が負の場合には，実数の範囲では解がない。それでも無理に解があるということにして，数学者は，$i=\sqrt{-1}$という記号を用意し，何の役に立つのか分からない（「虚数」という言葉が，このことをよく示している）複素数というものを導入した。大学生になったばかりの学生にとっては，複素数とは，およそ，このようなものだろう。

　ところが，上に書いたようなことは，実は，壮大な美しい世界の入口に過ぎないことが，次第に明らかになってきた。1800年代のことである。その入口から中に入ってみると，そこには，桃源郷のような世界が待ち受けていた。複素関数論とは，それがどんな世界であるかを伝える物語(ロマン)である。

何のために

　それでは，なぜ読者はこれを学ぶのか。単に美しい世界というだけで──あるいは，言葉をつけ加えると，実数xの関数$f(x)$だけを考えるのをやめて，複素数zの関数$f(z)$を考えれば，関数を見る目がずっと広くなって分かりやすい──という程度の説明だけで，この先の学習を持続できるのならば，何も言うことはない。しかし，数学を応用のために学ぶ読

者にとっては，もう少し形のハッキリした動機づけが必要だろう．さもないと，ちょっと面倒なことにぶつかったときに，ヤーメタということになる．

まだ学習を始めたばかりの人に動機づけの説明をするのは，実は，著者にとっても読者にとっても易しいことではない．それでも，この種の説明がはじめに前置きとして何も書かれていないよりは，あった方がずっとマシだろうと思って，いま，これを書いている．この先しばらくは，知らない言葉や理解できないことが出てくるかもしれないが，そこは適当に読んで，大まかな感じをつかむようにしてほしい．学習がある程度の段階に進んでから，再び読み返すのもよいだろう．

物理では，どんなときに複素数を使うか

数学を一番よく使うのは物理だから，物理のどんな問題でどんなふうに複素数を使うかという話から始めよう．

典型的な例は，力学の強制振動の問題である．そこでは，数学の問題として

$$M \frac{\mathrm{d}^2 x}{\mathrm{d}t^2} + \gamma \frac{\mathrm{d}x}{\mathrm{d}t} + kx = F(t) \tag{1.1}$$

という微分方程式が出てくる．この問題では，バネ定数 k のバネの先に質量 M の物体がとりつけられている．そして，速度 $\frac{\mathrm{d}x}{\mathrm{d}t}$ に比例する摩擦力 $-\gamma \frac{\mathrm{d}x}{\mathrm{d}t}$ が働いている．右辺の $F(t)$ は，時間 t の関数として変化する外力を表す．この外力がたとえば

$$F(t) = F_0 \cos \omega t \tag{1.2}$$

のとき，微分方程式の解はどうなるだろうか．

この問題は，複素数を使わなくても，解けることは解ける．しかし，複素数を知っていると，計算がずっと簡単に実行できる．その解き方をスケッチしてみよう（詳しい説明は，第 2 章に出てくる）．この解法では，オイラーの公式

$$\mathrm{e}^{i\theta} = \cos \theta + i \sin \theta \tag{1.3}$$

が重要である．オイラーの公式を使うと，(1.2)式の力 $F(t)$ を

$$F(t) = F_0 \,\mathrm{Re}(\mathrm{e}^{i\omega t}) \tag{1.4}$$

と書くことができる。そこで，微分方程式(1.1)を少し書き換えて

$$M\frac{\mathrm{d}^2 z}{\mathrm{d}t^2} + \gamma \frac{\mathrm{d}z}{\mathrm{d}t} + kz = F_0\, \mathrm{e}^{i\omega t} \tag{1.5}$$

としてみよう。複素数 z を実部と虚部に分けて

$$z = x + iy \tag{1.6}$$

とおけば，(1.5)式の両辺の実部を取ったものが，(1.1)になる。つまり，(1.1)を解く代りに(1.5)を解けば，その結果得られた $z(t)$ の実部 $x(t)$ が求める解になる。

　上に説明した手続きは，複素数に慣れていない読者にとっては，回り道で面倒なように見えるだろう。なぜ，こんな回り道をするのか。それは，微分方程式(1.5)が(1.1)よりずっと解きやすいからである。実際，(1.5)の特解を求めるには，

$$z(t) = A\, \mathrm{e}^{i\omega t} \tag{1.7}$$

とおいて，これを(1.5)に代入し，複素数の定数 A を決めればよい。

　ここに示した例題は，簡単な形をしている。だから解きやすい。しかし，微分方程式の形がもっと複雑な場合でも（たとえば，連立の微分方程式であっても），定数係数の線形微分方程式であれば，この方法はいつでも使える。このような一般的解法を身につけて，計算が素早く正確に実行できるようにしておくと，物理や工学の勉強がとても楽になるはずである。複素数というものは一般になじみにくいから，学生はこれを遠ざけようとする傾向がある。しかし，一度使って慣れてしまうと，違和感は消えてなくなるものらしい。食わず嫌いは，やめた方がよい。

　強制振動の問題は，力学での典型的な応用例であるが，似たような問題は，交流電気回路でも発生する。電気回路の理論では，上のような意味で複素数を使うことは，ほとんど《常識》である。また，複素数がオイラーの公式(1.3)に関連して使われることから分かるように，複素数は，三角関数が絡んだ問題，すなわち，振動や波動の問題一般で広く使われる。音や光，電波も波であるから，当然，その中に含まれる。

　この他に複素数を使う分野として，物理系の学生にとっては，量子力学

が欠かせない。量子力学では，その基本方程式であるシュレーディンガー方程式に虚数単位 i が含まれている。したがって，複素数をほとんど実数と同じように楽に計算することが要求される。複素数から逃げていては，量子力学のリョの字も学ぶことはできない。

定積分の計算

複素関数論を学ぶことによる大きな利点として，種々の定積分の計算を容易に実行できることが，広く知られている。一番簡単な例として，

$$I = \int_{-\infty}^{\infty} \frac{1}{x^2+1} \, dx \tag{1.8}$$

という積分を取り上げて，その計算の概略を示そう（詳しくは，第6章で説明する）。被積分関数の変数 x を複素数 z に拡張して，z の関数

$$f(z) = \frac{1}{z^2+1} \tag{1.9}$$

を考える。積分(1.8)は実軸に沿って $-\infty$ から ∞ までの範囲で行われるが，この積分路を図1.1のように変更して，$R \to \infty$ の極限を取る。関数 $f(z)$ は $z = \pm i$ に1位の極を持つから，積分路内部の極 $z = i$ での留数

$$\text{Res}(i) = \frac{1}{2i} \tag{1.10}$$

を拾って，

$$I = 2\pi i \, \text{Res}(i) = \pi \tag{1.11}$$

により，積分 I の値が得られる。ここでは，複素関数の理論で知られている留数定理というものが威力を発揮する。

ただし，この問題では，不定積分が $\arctan(x)$ であるから，$I = \pi$ となることは，普通の計算でも分かる。つまり，この例では，わざわざ複素関

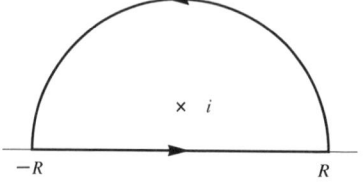

図1.1 複素平面上の積分の経路

数論のお世話になる必要はない。けれども，被積分関数がもっと複雑になると，不定積分をいつでも求められるとは限らない。そういう場合でも，留数定理を使うと，定積分の計算が，あざやかに（知らない人にとっては魔法のように）実行できる。

本書では，まえがきに述べたように，この技術を身につけることを取りあえずの目標として，そのために必要な複素関数論を重点的に学ぶ構成としている。

解析接続

複素関数論の物語のほぼ終点に位置するのが，「解析接続」という概念である。教科書に書くとすれば，どうしても最後の方になってしまい，そこまで読者がたどり着けないことが多い。本書でも，「解析接続」は，第9章になっている。しかし，たどり着けたとしたらそこはどんな風景になっているかということだけは，ここに書いておこう。

話はなるべく具体的な方が分かりやすい。いま，あなたは，太陽と地球に関するひとつの理論を考えた。その理論には，太陽の質量 M_1 と地球の質量 M_2 が含まれている。もちろん，この2つの質量の比

$$z = M_2 / M_1 \tag{1.12}$$

は，実際には 3×10^{-6} の程度であって，1に比べてずっと小さい。

あなたは，その理論にしたがって，ある量 f を計算してみた。この量 f は，もちろん，z の関数であるから，$f(z)$ と書くことができる。ところが，残念なことに，$f(z)$ は，いろいろな微分や積分を含む複雑な式になっていて，それ以上簡単にはなりそうもない。さいわい，z はとても小さい量なので，z についてベキ級数に展開すれば，複雑な微分や積分も実行できた。そうやって得られた結果が

$$f(z) = 1 - z + z^2 - z^3 + z^4 - + \cdots\cdots \tag{1.13}$$

となった。——もちろん，こんなに簡単な式が複雑な計算から得られるはずはない。ここは，そういう話として読んでいただきたい。

こういう無限級数の計算は，高等学校の数学でもやったはずだ。これは，初項1，公比 $-z$ の無限級数である。したがって，

$$|z|<1 \tag{1.14}$$

のときに収束して，

$$f(z) = \frac{(初項)}{1-(公比)} = \frac{1}{1+z} \quad (ただし，|z|<1) \tag{1.15}$$

となる．この結果の式(1.15)には，(1.14)という条件がついているが，いまの場合 z はとても小さいから，その条件は満たされている．

　ここまでは，複素関数論とは何の関係もない話である．さて，(1.15)までの計算を終えて一息入れたあなたは，欲を出した．確かにこの計算では z が 1 より小さいことを使っている．しかし，最後の結果(1.15)では，z が 1 より大きくても構わないように見える．実際，ワタシが始めに $f(z)$ の式を作ったときには，z は別段どんな大きさでもよかったのだ．でも，途中の計算が複雑だったので，一時，z を小さいとして計算しただけのことなのだ．だから，最後の結果で $|z|<1$ という制限は外してもよいのではないか？

　もしも，その条件を外してよいのなら，ワタシの理論は，太陽と地球だけでなく，もっと一般に成り立つことになる．太陽系の外にある太陽よりもずっと大きな星たちの間でも成り立つだろう．すばらしい理論だ．そうなれば，ワタシは，(1.15)という理論により，もしかすると，ノーベル賞をもらえるかもしれない．――さて，あなたは，ノーベル賞をもらえるだろうか．

　結論を言うと，解析接続を知らなければ，あなたは，ノーベル賞をもらえない．

　実は，上のような場合には，(1.14)の条件を外すことが許される．これを保証するのが，複素関数論の「一致の定理」である．ただし，一致の定理には一つだけ大切な条件がついている．考えている関数が正則な（微分可能な）関数だという条件である．つまり，あなたがはじめに作った関数 $f(z)$ が $|z|<1$ の範囲だけでなく，その外でも正則でなければならない．この条件は，多分，問題なく満たされているだろう．

　解析接続については，こんな程度で感じが分かってもらえるだろうか．詳しいことは（たとえば，解析接続という術語をどう使うかというような

ことも含めて）後の章で述べるが，これを知っておいて絶対に損はないという話を一つだけここに書き加えておきたい．

それは，実数の関数について高等学校時代から積み上げてきた財産，たとえば三角関数が満たすさまざまの関係式などが，複素数の世界でもそのまま成り立つのかどうか，ということである．例を一つ挙げると，

$$\cos x = \sin\left(x + \frac{\pi}{2}\right) \tag{1.16}$$

が実数 x について成り立つことはよく知られている．実は，この式は，複素数 z についても，そのまま成り立つ．

$$\cos z = \sin\left(z + \frac{\pi}{2}\right) \tag{1.17}$$

問題は，(1.16)が証明を必要としたように，複素数についても(1.17)が証明を必要とするか，という点にある．純粋に論理的に言えば，(1.16)の証明が実数 x に限られていたのであれば，(1.17)を複素数 z についてあらためて証明する必要があるだろう．しかし，「一致の定理」は，その必要が無いことを教えてくれる．そういうわけで，実数の関数について読者が貯えてきた財産は，複素数の世界でもそのまま有効である．このような意味での解析接続は，有用性が非常に高い．つまり，実数 x に対して定義された関数 $f(x)$ を複素数 z に対する関数 $f(z)$ として，ごく自然な形で（正則な関数として）定義域を拡大できるというのが，「解析接続」の一つの主張なのである．

玲瓏なる境地

複素関数論が描き出す世界を，数学者は玲瓏なる境地と表現する．玲瓏という言葉の意味は，辞書でお調べいただくことにして，ここでは，そういう数学者の気持ちを代弁しておこう．

たしかに，複素関数論は，実際に役に立つ．しかし，役に立つということを離れて，それ自身にも意味があるのではないか——ちょうど，美しい音楽，絵画，彫刻がそれ自身で意味を持つように．せっかく大学生として数学を勉強するのだったら，数学の中にこれほどまでに美しい世界がある

ということをぜひ理解してほしい。それは，大学生が十分理解できる範囲のことなのだから。複素関数論を教えている数学者は，そんな気持ちで毎回の授業をしているに違いない。

と言われても，勉強を始めたばかりの読者は，目を白黒させるだけだろう。筆者も，美しさの押売りをするつもりはない。ここでは，正則な複素関数がどういうものかをなるべく具体的に実感してもらう過程を通して，そういう気分も味わっていただけたらと思う。

割り込みチャイム

次の章に進む前に，ここで，読者に割り込みチャイムをお渡ししておこう。では，ちょっと私が押してみましょう。

『ピンポーン』

——はい，元気のよい音がしますね。何か困ったことがあったら，これを押してください。

『ピンポーン』

——おや，早速ですか。何でしょう。

『あのー……。どういうときにこれを押したらいいんでしょうか？』

——と言うと？

『たとえば，式の計算が分からないときでもいいんでしょうか？』

——計算についてはなるべくていねいに説明するつもりです。細かい計算については，分かる人と分からない人といろいろあるでしょう。あまり頻繁に押されると，分かる人が迷惑するでしょうね。計算で分からないことがあったら，自分で考え直してみるとか，前の方のページを読み直すのがよいでしょう。それよりも，考え方の筋道がはっきりしないとか，そんな考え方にはついていけないというようなときに，ストップを掛けるのに使って下さい。

『はい。よくは分かりませんが，とにかく，お預かりします。』

第2章
複素数の世界

複素平面

本書の読者なら皆よく知っていることだが，話の都合上，複素数の定義から始めよう．複素数 z は，その**実部**と**虚部**

$$x = \mathrm{Re}(z) \tag{2.1}$$
$$y = \mathrm{Im}(z) \tag{2.2}$$

を与えれば決まる．そして，虚数単位 $i = \sqrt{-1}$ を用いて，

$$z = x + iy \tag{2.3}$$

と表される．複素数 z は，図 2.1 のように，**複素平面**を描いて示すと，分かりやすい．この平面の x 軸を**実軸**，y 軸を**虚軸**という．

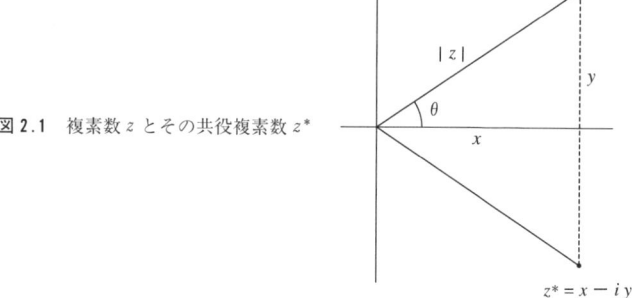

図 2.1 複素数 z とその共役複素数 z^*

共役複素数

ある複素数 $z = x + iy$ が与えられたとき,
$$z^* = x - iy \tag{2.4}$$
を z に**共役な複素数**,あるいは z の**複素共役**と呼ぶ。図 2.1 に示すように,z と z^* は実軸に関して対称な関係にある。数学では,z^* の代わりに $\bar{z}$ と書くのが普通であるが,数学以外の分野では,$\bar{z}$ は平均値を意味することが多いので,z^* が普通に使われる。

複素数の絶対値

図 2.1 で,複素数 z を 2 次元のベクトルと見たときのベクトルの長さ
$$|z| = \sqrt{x^2 + y^2} \tag{2.5}$$
を,複素数 z の**絶対値**という。絶対値の計算は,応用上,意外に多くの場合に現れる。そして,その計算の仕方は,2 通りある。すなわち,定義式 (2.5) をそのまま使うほかに,共役複素数 z^* を使って
$$|z| = \sqrt{zz^*} \tag{2.6}$$
により計算することもできる。なぜなら,
$$zz^* = (x+iy)(x-iy) = x^2 + y^2$$
となるからである。

問 2.1 複素数 $z = 2A + 1$ の絶対値を求めよ。ただし,A は複素数である。

解 2.1 (2.5) を使って絶対値を求めるためには,複素数 A を実部 A_1 と虚部 A_2 に分解して
$$A = A_1 + iA_2$$
とおく。このとき,
$$z = 2A_1 + 1 + 2iA_2$$
であるから,
$$|z| = \sqrt{(2A_1+1)^2 + 4A_2^2}$$
が得られる。

一方,(2.6) を使う場合には,$z^* = 2A^* + 1$ であるから
$$|z| = \sqrt{(2A+1)(2A^*+1)} = \sqrt{4|A|^2 + 4\,\text{Re}(A) + 1}$$

という結果が得られる。□

以下に示すのは，複素数の計算の演習問題である。絶対値を計算するとき，(2.5)を使う読者が多いだろうが，複雑な式の絶対値を計算する場合には，(2.6)の方が便利なことが多い。

[演習問題 2-1] 問 2.1 の解答に得られた 2 通りの結果が等しいことを確かめよ。

[演習問題 2-2] 次の複素数を計算せよ。

(1) $\dfrac{1}{2-i}$ (2) $\dfrac{3-4i}{1-2i}$

[演習問題 2-3] A, B を複素数として，次の複素数 z の複素共役を示せ。

(1) $(5-i)(2+3i)$ (2) $A+iB$

[演習問題 2-4] A, B を複素数として，次の複素数 z の絶対値を求めよ。

(1) $\dfrac{3-4i}{1-2i}$ (2) $A+B$ (3) $2A+3iB$

[演習問題 2-5] 次の条件を満たす複素数 z は，複素平面上でどんな軌跡を描くか。

(1) $|z-3-2i|=1$ (2) $|z-2i|=|z-2|$

初等関数

2 次式，3 次式，……とか，平方根，sin, cos のように，おおむね高等学校までに習う関数のことを初等関数という。「初等(elementary)」とは，「基本的」という意味である。

これに対して，大学に入ってから習うやや高級な一群の関数は，特殊関数と呼ばれる。その代表的なものは，ガンマ関数，ベッセル関数である。これらの特殊関数には共通の特徴がある。第一に，その名前がカタカナである。第二の特徴として，複素数の関数として考えると，その性質を深く理解することができる。特殊関数を学ぶには，それなりの動機づけが必要なので，本書ではほとんど触れない。

ここでは，複素関数の議論に不可欠の初等関数である指数関数と三角関数について復習しておこう。

指数関数

指数関数 e^z は，ベキ級数

$$e^z = \sum_{n=0}^{\infty} \frac{z^n}{n!} = 1 + \frac{z}{1!} + \frac{z^2}{2!} + \frac{z^3}{3!} + \cdots\cdots \tag{2.7}$$

により定義される。この定義から，指数関数の基本的な性質

$$e^0 = 1 \tag{2.8}$$

$$\frac{d}{dz} e^z = e^z \tag{2.9}$$

$$e^{z_1} e^{z_2} = e^{z_1 + z_2} \tag{2.10}$$

が出てくる。(2.9) によれば，指数関数は，何回微分しても指数関数である。したがって，何回積分しても，やはり指数関数である。

ベキ級数 (2.7) は，**テイラー展開の公式**

$$f(z) = f(a) + \frac{f'(a)}{1!}(z-a) + \frac{f''(a)}{2!}(z-a)^2 + \cdots\cdots$$

$$= f(a) + \sum_{n=1}^{\infty} \frac{f^{(n)}(a)}{n!}(z-a)^n \tag{2.11}$$

を使って，指数関数 e^z を $z=0$ のまわりで展開した結果と見ることもできる。

また，(2.10) は，次のようにして示すことができる。(2.10) の左辺に定義式 (2.7) を代入すると

$$e^{z_1} e^{z_2} = \left(1 + z_1 + \frac{z_1^2}{2!} + \cdots\cdots\right) \times \left(1 + z_2 + \frac{z_2^2}{2!} + \cdots\cdots\right)$$

となる。これをバラバラに分解して，z_1, z_2 の 0 次の項，1 次の項，……とまとめ直す。その結果は

$$= 1 + (z_1 + z_2) + \frac{1}{2!}\left(z_1^2 + 2z_1 z_2 + z_2^2\right) + \cdots\cdots$$

となるので，(2.10) の右辺に等しいことが分かる。

[演習問題 2-6]　(2.7)により定義される e^z が(2.9)の性質を持つことを示せ。

[演習問題 2-7]　指数関数を $z=0$ のまわりで(2.11)によりテイラー展開することにより，(2.7)が得られることを示せ。

[演習問題 2-8]　指数関数 e^z を $z=a$ のまわりでテイラー展開せよ。

三角関数

三角関数 $\sin z$, $\cos z$ も，ベキ級数を使って

$$\sin z = z - \frac{z^3}{3!} + \frac{z^5}{5!} - \frac{z^7}{7!} + - \cdots\cdots \tag{2.12}$$

$$\cos z = 1 - \frac{z^2}{2!} + \frac{z^4}{4!} - \frac{z^6}{6!} + - \cdots\cdots \tag{2.13}$$

により定義される。どちらの式も右辺の最後が「$+-\cdots\cdots$」となっているが，これは，以下その順序で符号が交替することを意味する。交替級数を表すときに，ときどき使われる記法である。これらの定義から，三角関数についてよく知られた微分公式

$$\frac{\mathrm{d}}{\mathrm{d}z}\sin z = \cos z, \qquad \frac{\mathrm{d}}{\mathrm{d}z}\cos z = -\sin z \tag{2.14}$$

が得られる。

[演習問題 2-9]　(2.12, 13)により定義される $\sin z$, $\cos z$ が微分公式(2.14)を満たすことを示せ。

[演習問題 2-10]　$\sin z$ を $z=a$ のまわりでテイラー展開して，初めの4項を示せ。

『ピンポーン。はじめての質問です。』
——どうぞ。
『指数関数の(2.7)式では，変数が z と書いてありますが，この z はどんな数でもいいんでしょうか？』
——どんな数でも構いません。実数でも，複素数でも。ただ，無限大だけは困ります。e^z が無限大になってしまいますから。つまり，$|z|<\infty$ なら

ば，どんな z についても成り立ちます。これは，三角関数の(2.12, 13)についても同じです。

『それと関係してるんですが……。テイラー展開(2.11)は，大学に入ってから数学の授業で習いました。でも，そのときは，変数は複素数 z ではなくて，実数 x でした。テイラー展開は，複素数についても同じように使っていいんでしょうか？』

——テイラー展開は，複素数についても実数と同様に成り立ちます。定数の a も複素数で構いません。実は，これから複素関数の勉強が進んでいくと，複素数の場合には，テイラー展開がスッキリした意味を持つことが分かります。その話は，ずっと後の方でする予定です。

指数関数の計算間違い

学生が指数関数の計算をするところを見ていると，ときどき
$$e^x e^y = e^{xy} \qquad [\times]$$
という変形を平気ですることがある。その場で「それは，おかしいのでは」と言うと大抵はすぐに気がつくのだが，複数の学生がこの間違いをするのを見ていて，なぜなのかと思うようになった。たぶん
$$(e^x)^y = e^{xy} \qquad [\bigcirc]$$
と混同しているのだろう。たとえば，$(e^x)^3$ は，e^x を3個掛け合わせるという意味だから
$$(e^x)^3 = e^x \times e^x \times e^x = e^{x+x+x} = e^{3x}$$
となる。これがきちんと分かっていないのかもしれない。そもそも上の間違った式が正しいのであれば，$y=0$ とすると，任意の x について
$$e^x = 1$$
が正しいということになる。

似たような間違いに
$$\log(x+y) = \log x + \log y \qquad [\times]$$
というのがある。これも
$$\log(xy) = \log x + \log y \qquad [\bigcirc]$$
と混同したためであろう。こちらの方も，もしも間違った式が許され

るのならば，$y=1$ とすると，任意の x に対して
$$\log(x+1) = \log x$$
が正しいということになる。

どちらの間違いも，大学生としては恥ずかしい間違いである。こんな間違いをしているようでは，専門科目で何を習ってどんな計算をするにしても，正しい結果は得られない。暗記の糸をたどって，それをそのまま使うのではなく，自信がなかったら，$y=1$ の場合には？というようなことをちょっと考えてみるとよい。

オイラーの公式

実数の世界では，指数関数と三角関数は全く別種の関数であるが，複素数の世界では，たがいに兄弟のような間柄である。そして，この間柄を示すのが，オイラーの公式
$$e^{i\theta} = \cos\theta + i\sin\theta \tag{2.15}$$
である。この公式が実際に成り立つことを示すには，左辺に (2.7) を使えばよい。その結果は
$$e^{i\theta} = 1 + i\theta - \frac{\theta^2}{2!} - \frac{i\theta^3}{3!} + \frac{\theta^4}{4!} + \cdots\cdots$$
となる。これを実部と虚部にそれぞれまとめ直すと
$$e^{i\theta} = 1 - \frac{\theta^2}{2!} + \frac{\theta^4}{4!} - + \cdots\cdots + i\left(\theta - \frac{\theta^3}{3!} + - \cdots\cdots\right)$$
と書き換えられる。ここで，三角関数の定義 (2.12)，(2.13) を使うと，右辺は $\cos\theta + i\sin\theta$ に等しいことが分かる。

オイラーの公式は，複素数を扱う問題では，ほとんど常に登場する重要な公式だ。これによく慣れて，いつでもすぐに使えるようにしておきたい。

問 2.2 オイラーの公式は，いろいろと使い道の広い公式である。ひとつの例として，オイラーの公式を使って，よく知られている三角関数の倍角公式を導いてみよう。

解 2.2 オイラーの公式の両辺をそれぞれ 2 乗すると
$$e^{2i\theta} = (\cos\theta + i\sin\theta)^2$$
が得られる。この左辺に再びオイラーの公式を使うと
$$\text{左辺} = \cos 2\theta + i\sin 2\theta$$
となる。右辺は
$$\text{右辺} = \cos^2\theta - \sin^2\theta + 2i\sin\theta\cos\theta$$
となる。この両者が等しいのだから，実部同士，虚部同士がそれぞれ等しくなければならない。その結果として，倍角公式
$$\cos 2\theta = \cos^2\theta - \sin^2\theta$$
$$\sin 2\theta = 2\sin\theta\cos\theta$$
が得られる。□

こういう手順を理解すれば，仮に倍角公式を忘れても，オイラーの公式から自分で作ることができる。3 倍角公式を覚えている人は少ないだろうが，それも同じようにして，必要に応じて自分で導くことができる。つまり，オイラーの公式さえ知っていれば，三角関数の公式はほとんど暗記する必要がない。それほど強力な公式なのだ。

[演習問題 2-11] すぐ前の問 2.2 と同様に，$e^{ix}e^{iy}$ を 2 通りの方法で計算することにより，三角関数の加法定理を導け。

[演習問題 2-12] 三角関数 $\cos\theta$, $\sin\theta$ が指数関数により
$$\cos\theta = \frac{e^{i\theta}+e^{-i\theta}}{2}, \quad \sin\theta = \frac{e^{i\theta}-e^{-i\theta}}{2i} \tag{2.16}$$
と表せることを示せ。

[演習問題 2-13] 次の複素数をオイラーの公式により計算せよ。なお，n は整数である。

(1) $e^{\pi i/3}$　　(2) $e^{\pi i/2}$　　(3) $e^{\pi i}$

(4) $e^{-\pi i/2}$　　(5) $e^{2n\pi i}$　　(6) $e^{n\pi i}$

[演習問題 2-14] 実数 θ に対して，$z = e^{i\theta}$ の絶対値 $|z|$ が 1 に等しいことを示せ。

[演習問題 2-15] 実数 θ に対して，$z = 2e^{i\theta}+1$ の絶対値の 2 乗 $|z|^2$ を求めよ。

『ピンポーン。さっきと似たような質問かもしれませんが……。オイラーの公式(2.15)は，θという変数について書かれています。θという記号は，普通，角度を表すのに使いますが，この公式は，角度の場合にしか使えないのでしょうか？』

——そんなことはありません。どんな数でも構いません。もちろん，θは複素数でもよいのです。

『やっぱりそうですか。多分そうだろうと思ってたんですが……。ハッキリそう言っていただけると，なんだか安心します。』

オイラーの公式の美しさ

『ピンポーン』

——さっきの質問の続きですか？

『いいえ，別のことです……。あるところで，「オイラーの公式は美しい公式である」と聞きました。そのウツクシイっていうのが，よく分からないんです。美しいと言われて，素直にそう思えない僕/私って，数学ダメ人間なんでしょうか？』

——まあまぁ，落ち着いて……。オイラーの公式の意味については，すぐ前のところで説明しました。繰り返しになりますが，もう一度説明すると，指数関数e^zは，実軸に沿って見ると，単調に増加する関数になっている。その同じ関数を虚軸に沿って見ると，振動する関数（三角関数）になっている。このように，一つの関数を複素数の関数として眺めると，それまでバラバラに見えていたものが，実は一つのつながりを持ったものであることが分かる……。

『それは，よく……，多分よく分かっているつもりです。でもそれくらいのことだったら，何もウツクシイなんて言わなくたって……。』

アインシュタインの相対性理論の美しさ

——では，ちょっと話を変えましょう。私の専門は物理だし，物理の方が学生であるあなたにとっても，身近に感じられるかもしれない。少し脱線気味になるけれども，大学生が勉強していく上で，こういう話も無意味で

はないでしょう。

　たとえば，物理の先生が「相対性理論は美しい」と言ったとしよう。その場合には，どう思うでしょうかね。

『相対性理論ですか……。まだ，相対性理論を勉強したことはありませんが……。でも，その先生がそうおっしゃる気持ちは，分かるような気がします。』

——たしかに，相対性理論は美しい。多くの物理学者がそう思っています。では，あなたが，それを確かめようと思って，相対性理論の勉強を始めたとしましょう。それで，入口をほんのちょっと覗いてみただけで，美しさが感じられるでしょうか？

『そうですね……。たぶん，入口だけでは，それは無理でしょうね。』

——実は，相対性理論というのは，その前に電磁気学を勉強して，マクスウェル方程式までよく分かっていて，それから勉強すると，とんでもない美しさだということが実感できるのです。途中で投げ出してしまう人も結構いるでしょうが，そういう人は，多分，『なんでこんなにゴチャゴチャしたものが美しいんだろう』と思うでしょう。

『だったら……。それだったら，僕/私の場合にも，これから大学生としてもっと勉強して，いろんなことが分かるようになったら，そういう美しさが感じられるかも……。』

——はい。この本も，少しはそのお役に立つかもしれません。……立たないかもしれませんが。

　それから，付け加えると，美しいというのは，何も押売りすべきものではありません。たとえば，ルノワールやモネの絵は誰でも美しいと思うでしょう。ほとんど，説明の必要がありません。でも，ピカソとなると，人によってさまざまでしょう。

『あの……この人いったいどっち向いてんの？　っていう絵ですか？』

——私は，ある時から，ピカソの絵が美しいと思うようになりました。でも，そう思うか思わないかは，全くその人の自由です。誰かが美しいと言ったからといって，自分もそう思わなければいけない——そんなことはないのです。だから，そういうことで引け目を感じる必要はありません。た

だ，美しさというものは一般に一種類ではなく，実に多様です．いろんな種類の美しさを感じとれる人ほど幸せだということは，間違いなく言えるでしょう．絵の美しさ，音楽の美しさ，数学の美しさ，物理の美しさ——いろんな美しさが，この世の中にはあるのです．

複素数を使って強制振動の微分方程式を解く

ちょっと道草を食ってしまったが，もとに戻ろう．

第1章で触れたように，力学の強制振動の問題は，複素数を使って，オイラーの公式を利用して解くのが，普通になっている．そのきちんとした説明をここでしよう．そして，このタイプの微分方程式を解くための腕をみがこう．多くの学生にとって，この技術は将来役に立つはずだ．

いま考えているのは，図2.2に示すような問題である．ここでは，バネ定数 k のバネの先に，質量 M の物体がとりつけてある．バネの右には，ちょっと見なれないものがついている．これをダッシュ・ポット(dash pot)あるいはダンパ(damper)という．その中には油が入っていて，速度に比例する抵抗力を発生する．身近なものの中では，ドア・クローザの中にこれが入っていると思えばよい．力学を学びはじめた学生は，摩擦力とか抵抗力というと何か《悪者》のように考える傾向があるが，このダッシュ・ポットのおかげで，ドアがバタンバタンせずに減速してすーっと閉まるのだ．

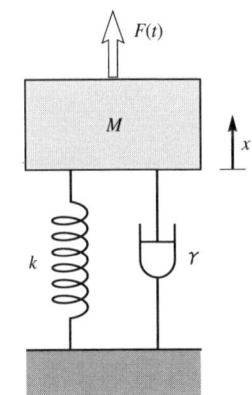

図2.2 強制振動のモデル

この物体を力 $F(t)$ で引っぱったときに，その変位 x が時間 t の関数としてどうなるか——というのが，ここで設定されている問題である。

この場合の運動方程式は，ニュートンの運動法則

$$(質量) \times (加速度) = (力) \tag{2.17}$$

を数式化して，

$$M\frac{d^2x}{dt^2} = -kx - \gamma\frac{dx}{dt} + F(t) \tag{2.18}$$

となる。右辺の第1項は，負号（マイナスの符号）も含めて，高校時代からおなじみのバネの復元力である。負号がつくのは，バネが伸びたときにそれを引き戻す向きに力が働くからだ。第2項は（負号も含めて），上に説明したダッシュ・ポットによる抵抗力である。一般に抵抗力は運動を妨げる向きに働くので，負号がついている。最後の項 $F(t)$ は，外力である。

この運動方程式を，周期的に時間変化する外力

$$F(t) = F_0 \cos \omega t \tag{2.19}$$

の下で解きたい。

運動方程式(2.18)を整理して，変位 x を含む項を全部左辺に移項すれば，解くべき微分方程式は

$$M\frac{d^2x}{dt^2} + \gamma\frac{dx}{dt} + kx = F_0 \cos \omega t \tag{2.20}$$

となる。これが力学の教科書であれば，この微分方程式をこのまま解こうとするのだが，上のように記号が繁雑だと，慣れないうちはコトの本質を見失いやすい。ここでは，数学の計算技術を身につけることを目的としているから，これと同等な，具体的な微分方程式

$$\frac{d^2x}{dt^2} + 4\frac{dx}{dt} + 5x = 40 \cos 3t \tag{2.21}$$

について，解き方を学ぶことにしよう。それが分かれば，力学の教科書に載っている(2.20)の解き方もよく理解できるはずだ。

特解を求める

微分方程式(2.21)を解いてその特解を求めるには，次のようにする．x を y と書き換え，cos を sin と書き換えた微分方程式

$$\frac{d^2 y}{dt^2} + 4\frac{dy}{dt} + 5y = 40 \sin 3t \tag{2.22}$$

を作る．いったん慣れてしまえば，(2.22)は頭の中の計算用紙に書くだけでよいのだが，ここでは，分かりやすいように，あらわに書いている．そして，(2.22)の両辺に虚数単位 i を掛けて，(2.21)と加え合わせる．オイラーの公式を思い出せば，何をしようとしているか，その意図を先読みできるだろう．

こうして，複素数

$$z = x + iy \tag{2.23}$$

に対する微分方程式

$$\frac{d^2 z}{dt^2} + 4\frac{dz}{dt} + 5z = 40\,e^{3it} \tag{2.24}$$

が得られた．あとは，(2.24)を解いて $z(t)$ を求めればよい．その結果得られる $z(t)$ の実部 $x(t)$ が，求める解——微分方程式(2.21)の解である．

では，この方針に従って，計算を進めよう．まず，(2.24)を解いて $z(t)$ を求める必要がある．それには，ともかく

$$z(t) = A\,e^{3it} \tag{2.25}$$

とおく．ここで A は，複素数の定数である．(2.25)を(2.24)に代入すると

$$(-9 + 12i + 5)\,A\,e^{3it} = 40\,e^{3it}$$

となるから，両辺を $4\,e^{3it}$ で割って，定数 A が

$$A = \frac{10}{-1 + 3i} \tag{2.26}$$

と定まる．

このままの形では分かりにくいから，分母 $-1+3i$ の共役複素数 $-1-3i$ を分子と分母に掛けて，分母を実数化しよう．その結果は，

$$A = -1 - 3i \tag{2.27}$$

となる。こうして，(2.25)の定数 A の値が求められた。

あとは，この A の値を(2.25)に代入して，その結果を実部と虚部に分離すればよい。代入の結果は，次のようになる。

$$\begin{aligned} z(t) &= (-1 - 3i)(\cos 3t + i\sin 3t) \\ &= -\cos 3t + 3\sin 3t \\ &\quad + i(-3\cos 3t - \sin 3t) \end{aligned} \tag{2.28}$$

こうして，(2.28)の実部

$$x(t) = -\cos 3t + 3\sin 3t \tag{2.29}$$

が，微分方程式(2.21)の特解として求められた。

以上の手続きは，定数係数の線形微分方程式を解くときに，ほとんど常識としてよく使われるので，確実にマスターして，いつでも使えるようにしておきたい。

cos の代わりに sin の場合

微分方程式の右辺が(2.21)のように cos ではなくて，sin の場合もある。そのときには……。

『ピンポーン。あっ，それ分かります，分かります。』

──では，どうぞ。

『微分方程式が(2.22)の場合には，出てきた $z(t)$ の虚部をとって，

$$y(t) = -3\cos 3t - \sin 3t \tag{2.30}$$

が解になる。そうですね？』

──その通りです。この場合には，こんどは(2.21)の方を頭の中の計算用紙に書きます。あとは，同じ手順により $z(t)$ を求めます。得られた $z(t)$ の虚部が解を与えます。

では，確認のために，次の演習問題を解いてみて下さい。

[演習問題 2-16] (2.29)が微分方程式(2.21)の解であることを，代入により確かめよ。

[演習問題 2-17] 次の微分方程式の特解を求めよ。ただし，ここでは t に関する微分を上つきの点により表している。

(1) $\ddot{x} + 2\dot{x} + 10x = \cos 2t$

(2) $\ddot{x} + 6\dot{x} + 13x = \sin 2t$

一般解と特解

『ピンポーン。さっきから聞きそびれていたことがあるんですが……。』
——どんなことでしょう。
『特解という言葉が，何度も出てきてますね。微分方程式の授業でその言葉は習いました。でも，よく分かってないような気がするので，その意味をあらためて教えていただけませんか？』
——微分方程式の解には，一般解と特解（特殊解とも言う）の2種類があります。**一般解**は，与えられた微分方程式のすべての解を含みます。ですから，任意定数が解の中に含まれています。いま考えているのは2階の微分方程式なので，2個の任意定数を含みます。
『そこまでなら，よく分かります。』
——一方，**特解**というのは，与えられた微分方程式の解であれば，何でもよいのです。
『本当に何でもいいんですか？』
——はい，本当に何でもよいのです。与えられた微分方程式に代入して，解になっていることを確認できれば，大威張りで「特解を見つけた」と主張することができます。どうやって見つけたかは問いません。たとえば，演習問題 2-16 で確認したように，上の手続きにより得られた解(2.29)は，微分方程式(2.21)の特解です。

　この《特》という漢字の意味は誤解しやすいので，たとえを使って説明してみましょう。あなたは，○○大学の学生ですね。
『はい。』
——もしも，誰でもよいから○○大学の学生の名前を一人挙げて下さい，と言われたときに，あなたの名前を挙げたとしましょう。そのとき，あなたは，○○大学の《特》学生なのです。この場合の《特》という字の意味は，特別に勉強ができるとか（失礼！），身長が高い特殊な学生とかいう意味ではありません。一般論ではよく分からないから，話を具体的にするために，《とくに》例を挙げれば……，というときの《とく》なのです。

『そうですか。前よりは分かったような気がします。でも—……。でも，それだったら，特解を見つけただけで満足してたら，まずいんじゃないですか？ 一般解を求めなければ，微分方程式をきちんと解いたことにはならないはずだから……。』

——はい，その通りです。一般解と特解の区別がよく分かってきたようですね。一般解を求める話に進むには，その前にちょっと準備が必要です。その準備の話をしておきましょう。

斉次方程式の解を求める

はじめに考えていたのは，(2.20)のような微分方程式，つまり，物理の問題としては，強制振動の問題であった。ここで，右辺がゼロの場合

$$M\frac{d^2x}{dt^2} + \gamma\frac{dx}{dt} + kx = 0 \tag{2.31}$$

を考えてみよう。これは，19ページの図2.2で，外力 $F(t)$ がゼロの場合に相当する。このような問題は，**減衰振動**の問題と呼ばれている。つまり，初期変位を大きな値に取って運動を始めさせると，バネがついているから振動が起こる。けれども，ダッシュ・ポットがついていて抵抗力が働くから，外力ゼロという条件下では，どんな初期条件から始めても，結局は，振動が時間とともに減衰していく。これが，減衰振動という言葉の意味だ。これで，この微分方程式の物理イメージが何となく分かるだろう。微分方程式の術語では，このように右辺がゼロの微分方程式を，**斉次方程式**（あるいは同次方程式）と呼ぶ。

ここでも，上の斉次方程式(2.31)に直接アタックするのはやめて（物理の教科書に譲って），どうすればこのタイプの微分方程式が解けるかを学習しよう。それには，例として，(2.21)の右辺をゼロとおいた斉次方程式

$$\frac{d^2x}{dt^2} + 4\frac{dx}{dt} + 5x = 0 \tag{2.32}$$

を考える。

方針は，前に特解を求めたときと，ちょっと似ている。まず，(2.32)の解として，指数関数の形をした関数

$$x(t) = e^{\lambda t} \tag{2.33}$$

を仮定する。そして，これを(2.32)へ代入する。代入の結果は

$$(\lambda^2 + 4\lambda + 5)\, e^{\lambda t} = 0$$

となる。したがって，λ がもしも2次方程式

$$\lambda^2 + 4\lambda + 5 = 0 \tag{2.34}$$

を満たせば，(2.33)が求める解になる。このような2次方程式は，一般に**特性方程式**と呼ばれる。いまの場合にこの特性方程式を解くと，結果は，

$$\lambda = -2 \pm i \tag{2.35}$$

となる。『やれやれ，ここでも複素数が出てきた』と思う読者がいるかもしれない。ここから先の取扱いも，応用上よく使われるから，しっかりと理解してもらいたい。

解の形を(2.33)と仮定して(2.35)が得られたのであるから，

$$e^{(-2+i)t}, \quad e^{(-2-i)t} \tag{2.36}$$

という2個の関数が，いずれも微分方程式(2.32)の解である。このような1組の解(2.36)を，一般に**基本解**と呼ぶ。微分方程式(2.32)の最も一般的な解は，この基本解の1次結合により

$$x(t) = A\, e^{(-2+i)t} + B\, e^{(-2-i)t} \tag{2.37}$$

と表すことができる。ここで，A と B は任意定数（積分定数）である。いま考えているのが2階の微分方程式なので，このように2個の任意定数が現れる。(2.37)が解であることは，これを(2.32)へ代入して直接に確かめることもできる。

数学の問題として(2.32)を解いたのであれば，話はここで終りである。しかし，物理の問題の解としては，(2.37)では，ちょっと座りが悪い。もしも，物理の問題(2.32)で $x(t)$ が複素数の物理量であるならば——そういうことは，珍しいが——(2.37)のままで一向に差しつかえない。しかし，減衰振動の問題を考えているのであれば，変位 $x(t)$ は実数である。その $x(t)$ を表す式に i が現れるのは不自然である。座りが悪いとは，このことを指して言っている。

それでは，どうするか。実は，(2.37)の定数 A, B は，一般に複素数であってよい。つまり，A, B を複素数として，(2.37)が全体として実数

になっていればよい。このことをハッキリさせるため，(2.37)にオイラーの公式を使おう。すると
$$x(t) = A\,e^{-2t}(\cos t + i \sin t) + B\,e^{-2t}(\cos t - i \sin t)$$
$$= (A + B)\,e^{-2t}\cos t + i(A - B)\,e^{-2t}\sin t$$
となる。ここで
$$C = A + B, \qquad D = i(A - B)$$
とおけば，結局(2.37)の $x(t)$ を
$$x(t) = C\,e^{-2t}\cos t + D\,e^{-2t}\sin t \qquad (2.38)$$
と書き換えることができる。これならば，任意定数 C, D を実数として，実数の変位 $x(t)$ を表す自然な形になっている。

さて，ここまでの計算の流れを振り返ってみよう。

特性方程式(2.34)を解いて，複素数解(2.35)を得た。それから基本解(2.36)を作り，その1次結合により，微分方程式の解(2.37)を構成した。ところが，(2.37)は実数であることが自明でない形をしていた。そこで，オイラーの公式を使って，これを(2.38)のように変形した。全体の流れは，
$$(2.35) \to (2.36) \to (2.37) \to (2.38)$$
となっている。

ところで，(2.38)を見ると，これも
$$e^{-2t}\cos t, \qquad e^{-2t}\sin t \qquad (2.39)$$
という一組の解の1次結合になっている。ということは，この場合，上の流れで(2.35)から直ちに**基本解**(2.39)へ進み，その1次結合(2.38)により解を構成できることを意味する。つまり，上の流れを簡略化して
$$(2.35) \to (2.39) \to (2.38)$$
とすることが許される。この方が，実数の $x(t)$ を求めるためには，分かりやすい。

[演習問題 2-18] 基本解(2.39)のうちの $e^{-2t}\sin t$ が斉次方程式(2.32)の解であることを，代入により確かめよ。

[演習問題 2-19] 次の斉次微分方程式の解を求めよ。

(1) $\ddot{x} + 2\dot{x} + 10x = 0$

(2) $\ddot{x} + 6\dot{x} + 13x = 0$

一般解を求める

これで，一般解を求める準備が整った。

(2.20)あるいは(2.21)のような線形微分方程式の一般解は，

$$\boxed{\text{一般解}} = \boxed{\text{斉次方程式の解}} + \boxed{\text{特解}} \quad (2.40)$$

により構成できることが知られている。実際，これがもとの微分方程式の解になっていることは，代入により容易に示せるし，任意定数を2個（斉次方程式の解の中の2個）含むから，これで一般解になっているのである。

(2.40)式には名前がない。しかし，重要な公式に名前がないのは不便である。ここでは，少し長いが，**線形微分方程式の解の公式**と呼ぶことにしよう。この公式は，線形の微分方程式を解くときに，ほとんど必ずと言ってよいほど使われる重要な公式である。微分の階数は，1階でも2階でも，あるいは，それ以上何階でもよい。応用上あらわれる微分方程式は，多くの場合，線形であるから，公式(2.40)をいつでも思い出して使えるようにしておくことは，とても大切である。

これまで例題として考えてきた微分方程式(2.21)の場合には，斉次方程式の解が(2.38)により，特解が(2.29)により与えられるから，公式(2.40)を用いて，一般解が

$$x(t) = Ce^{-2t}\cos t + De^{-2t}\sin t - \cos 3t + 3\sin 3t \quad (2.41)$$

となる。こうして，はじめの微分方程式(2.21)の最も一般的な解が求められた。

この解(2.41)を，初期条件

$$x(0) = 6, \quad \dot{x}(0) = 0 \quad (2.42)$$

の場合について，図2.3に示す。

［演習問題 2-20］ 一般解(2.41)に初期条件(2.42)を課したときに，定数CとDの値が，

$$C = 7, \quad D = 5$$

となることを示せ。

[演習問題 2-21] 次の微分方程式の一般解を求めよ。
(1) $\ddot{x} + 2\dot{x} + 10x = \cos 2t$
(2) $\ddot{x} + 6\dot{x} + 13x = \sin 2t$
(3) $\dot{x} + 2x = \cos t$

特解の物理的な意味

図 2.3 のグラフを見ると，少し時間が経過した後，変位 $x(t)$ は，振幅が $\sqrt{10}$ のきれいな単振動をする。このきれいな単振動は，(2.41) の特解の部分に相当する。このような一定の振動状態を，物理の言葉では**定常状態**と呼ぶ。また，定常状態を表す解という意味で，この特解を定常解と呼ぶ。それより短い時間内では，(2.41) の中の C, D が掛かった項が利いていて，少し複雑な振舞いになっている。結局，初めの短い時間のあいだは，初期条件に依存する項（C, D を含む項）が利いているが，ある程度時間が経過すると，その部分は指数関数の因子のために減衰してなくなり，定常解の部分（外力により強制的に振動させられる部分）だけが生き残る。

現実の振動の問題では，多くの場合，ある程度の時間が経過した後どうなるかが問題になる。したがって，微分方程式を解いたときに重要になるのは，圧倒的に，定常解の部分である。そのため，これまでに述べてきた一般解を求める手続きは，実際の機械的/電気的振動の問題では，場合によっては省略され，特解を求めるだけで満足することが多い。目的がハッ

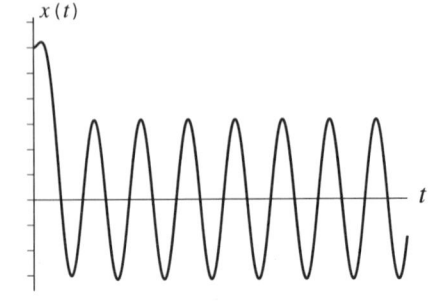

図 2.3 強制振動の微分方程式の解

キリしている場合には，それでも《まずい》ことはないのである。

「定常」とは

『ピンポーン。「定常」という言葉の意味が分からないのですが……。』
――「定常」というのは，説明するのにちょっと手間がかかる概念です。でも，難しくはありません。時計の振り子の場合を考えてみましょう。振り子が止まっている状態を何と呼びますか？
『止まっている。静止している。変位が時間的に一定である……。』
――では，振り子が一定のリズムでずっと動いている状態は何と呼んだらよいでしょうか？
『止まっていない。時間的に変位は一定でない。でも，大きく見れば，時間的に変化していない……。』
――そうですね。そういう運動の状態を，定常状態と呼ぶのです。

　もう少し例を挙げましょう。多分，高等学校の物理で波を扱ったときに，進行波と定常波（定在波ともいう）という2種類の波があることを習ったでしょう。ギターやピアノの弦が振動しているときに立つ波は，定常波です。弦の変位は，時間的に一定ではない――それどころか，激しく振動している。しかし，その振動の仕方は規則的で，振幅も振動数も一定である。節の位置も動かない。弦のこのような運動を，定常振動と呼ぶのです。

　もっと例を挙げると，川を流れる水量が一定の状態が，定常流です。電線の中を流れている一定の（時間変化しない）電流は，定常電流です。太陽のまわりを地球が回っているのも，定常運動です。

　学生が毎日欠かさず登校するのも，定常状態とか定常運動と言えるでしょう。この場合，学生の身体は静止しているわけではありません。でも，一日一日を比べてみれば，変化のない生活を送っているからです。

複素数を極形式で表す

　少し，複素数の話から離れすぎてしまったようだ。複素平面の図2.1に戻ろう。そして，複素数の表示について，あらためて考えよう。

9ページの図2.1に示した角度 θ を，複素数 z の**偏角** (argument) と呼び，これを $\arg(z)$ という記号で表す．図から明らかなように，

$$x = r\cos\theta$$
$$y = r\sin\theta \tag{2.43}$$

が成り立つ．ただし，ここでは，絶対値 $|z|$ を r と書いた．このとき，複素数

$$z = x + iy$$

を

$$z = r\cos\theta + ir\sin\theta = r(\cos\theta + i\sin\theta)$$
$$= r\,e^{i\theta} \tag{2.44}$$

と書くことができる．この最後の形を**極形式**という．

問2.3 複素数 $z = 2 + 2i$ を極形式で表せ．

解2.3 与えられた複素数を極形式で表すとき，慣れないうちは，複素平面を描いて，その上のどこに問題の複素数 z が位置するかを書き込むのがよい．今の場合には，図2.4のようになるから，絶対値は

$$r = |z| = \sqrt{2^2 + 2^2} = 2\sqrt{2}$$

であり，偏角は

$$\theta = \frac{\pi}{4}$$

であることが分かる．偏角を図から求めるのではなく，計算により求めるには，

$$\cos\theta = \frac{x}{r} = \frac{1}{\sqrt{2}}, \qquad \sin\theta = \frac{y}{r} = \frac{1}{\sqrt{2}}$$

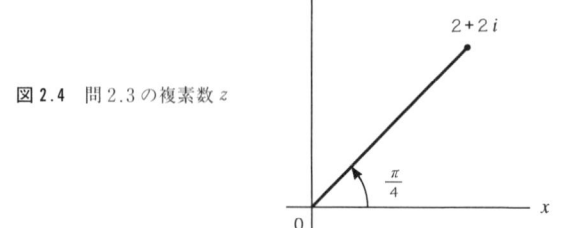

図2.4 問2.3の複素数 z

を満たす角度 θ を求めればよい。結局，この問題の複素数は，
$$z = 2\sqrt{2}\,e^{i\frac{\pi}{4}}$$
と表される。□

偏角の範囲

ここで，偏角の範囲を説明しておこう。

よく知られているように，三角関数は周期関数であって，周期 2π をもつ。このため，任意の整数 n について
$$e^{2n\pi i} = 1 \quad (n は整数) \tag{2.45}$$
が成り立つ［演習問題 2-13(5)］。そこで，ある複素数 z の偏角が θ ならば，$\theta + 2n\pi$ もまた z の偏角として許される。なぜなら
$$e^{i\theta} = e^{i(\theta + 2n\pi)} \quad (n は整数) \tag{2.46}$$
が成り立つからである。この結果，1個の複素数に対して無限個の偏角を選ぶことが許される。たとえば，左の問 2.3 の解答として
$$z = 2\sqrt{2}\,e^{-i\frac{7\pi}{4}}$$
も許される。このことが，偏角の理解を複雑にする。

実は，このような意味での偏角の自由度が，複素関数の豊かさをもたらすのであるが，そんなことを今ここでカラ念仏のように唱えていても，しかたがない。ここでは，1個の複素数に対して1個の偏角が決まるように，取り決めをしよう。

一番分かりやすい取り決めは，偏角の範囲を 0 から 2π までに制限することである。この取り決めを，図 2.5(a) に示す。たしかに，この取り決

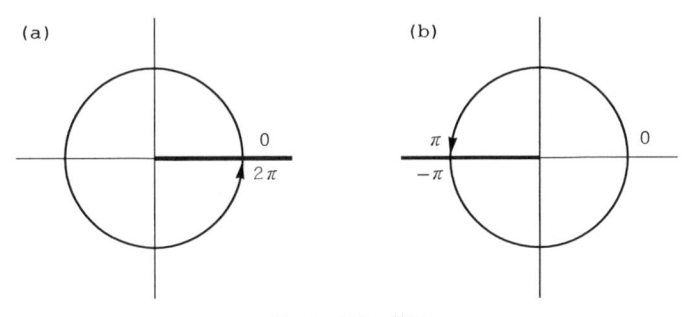

図 2.5 偏角の範囲

めは簡単そうに見える．けれども，正実軸の直上（偏角＝＋0）と直下（偏角＝$2\pi-0$）で偏角の値がまるで違ってしまう．複素平面を1枚の紙と考えると，ちょうど，図の太い線のところにハサミを入れて，原点のところまでジョキジョキと切ってしまったような感じであって，正実軸の直上と直下が断絶している．実軸からの連続性を重んじたいときには，これでは具合が悪そうだ．

しかし，結局のところ，どこかにハサミを入れなければならない．どうせジョキジョキと切るのであれば，負実軸を切った方が無難なように見える．というわけで，図2.5(b)に示す取り決めが浮上する．この場合，偏角は$-\pi$からπのあいだの値をとる．きちんと書けば

$$-\pi < \text{Arg}(z) \leqq \pi \tag{2.47}$$

である．この場合には，正実軸の直上と直下は連続につながっている．このように取り決めた偏角を$\text{Arg}(z)$と書いて，**偏角の主値**と呼ぶ．本書では，特に断らない限り，偏角は主値を取るものと約束する．

［演習問題 2-22］ 次の複素数を極形式で表せ．
(1) i (2) -1 (3) $1+\sqrt{3}i$
(4) $-i$ (5) $-1-i$

偏角は変な角？

『ピンポーン．多分，もっと先に行けば分かるのかもしれませんが……．複素数zは，xとyを指定すれば決まりますね．それで十分だと思うんです．それなのに，なぜ偏角なんていう変な，分かりにくいものを定義するんですか？　たしかに，偏角は高等学校の数学にも出てきました．でも，2次方程式を解いているときには，偏角なんて全然必要ありませんでした．さっきの強制振動の問題だって，オイラーの公式は使いましたが，偏角の必要は無かったですよね？』

——つまりは，偏角は何のために必要か，ということですね．偏角が深い意味を持つのは，$\sqrt{z}$とか$\log z$のような複素関数を考える場合ですが，でも，そこまで行かなくても，偏角を使うと便利だとか，分かりやすいという程度のことだったら，いろいろあります．

1 の n 乗根を求める

たとえば，1の3乗根を求める場合を考えてみよう。つまり，
$$z^3 = 1 \tag{2.48}$$
を満たす z を求めるという問題だ。この問題は，
$$z^3 - 1 = (z-1)(z^2 + z + 1) = 0 \tag{2.49}$$
と因数分解することにより，解ける。結果は，
$$z_1 = 1, \quad z_2, z_3 = -\frac{1}{2} \pm \frac{\sqrt{3}}{2} i \tag{2.50}$$
となる。偏角の必要は，たしかに無い。この3個の複素数を複素平面に描いてみると，図2.6(a)のようになる。3個の複素数が，単位円の上に等間隔に並んでいる。この図から，z_2，z_3 は極形式で
$$z_2 = e^{i\frac{2\pi}{3}}, \; z_3 = e^{-i\frac{2\pi}{3}} \tag{2.51}$$
と書けることが分かる。この例では，偏角を知らなくても答を出せるけれども，偏角という概念を使って，図2.6(a)のように理解しておくと分かりやすい。

もし3乗根ではなしに5乗根を求めるという問題だったら，(2.49)のようにして解くことはできないだろう。しかし，複素平面の図を使えば，5乗根が図2.6(b)のようになることは，すぐに分かる。ここでも，5個の根が単位円の上に等間隔に並んでいる。これから偏角の値を読み取り，
$$\begin{aligned} z_1 &= 1, \quad z_2 = e^{i\frac{2\pi}{5}}, \quad z_5 = e^{-i\frac{2\pi}{5}}, \\ z_3 &= e^{i\frac{4\pi}{5}}, \quad z_4 = e^{-i\frac{4\pi}{5}} \end{aligned} \tag{2.52}$$
が得られる。

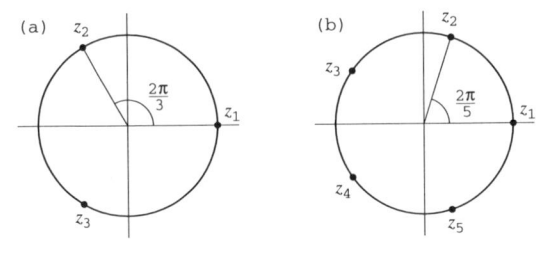

図 2.6 (a) 1の3乗根，(b) 1の5乗根

偏角という言葉の意味

偏角という漢字の意味をここで説明しておこう。ことばの意味を知っておくのは，案外に大切なことだ。多少なりとも違和感が減って，身近に感じられるようになる。

「偏」という漢字は，偏る（かたよる）と読む。つまり，正しい状態からずれているという意味だ。では，今の場合，正しい状態とは何だろうか。容易に推測がつくように，それは正の実数だ。つまり，正の実数から——正の実軸からどれだけずれているかを表す角度が，偏角というわけだ。そういう意味では，偏角の範囲を(2.47)のように約束するのは，自然だと言える。

偏角とコンピュータ

主値と呼ばれることから分かるように，(2.47)の取り決めは，暗黙のうちに広く採用されている。たとえば，コンピュータで使用される言語の中で複素関数をフルにサポートしているのは，Fortranだけであるが，Fortranで平方根(SQRT)，対数関数(LOG)を計算するときには，複素変数 z の実部と虚部を変数として与える。偏角を指定することはできない。偏角は(2.47)の範囲にあるものとして，計算が自動的に行われる。

ちなみに，Fortranは，理工系の研究者・技術者が科学技術計算をするときに常用する数値計算用言語である。

なぜこんなことを書いたかと言うと，次のようなことを言う学生が珍しくないからだ。『自分は，数学が弱い。けれど，コンピュータは好きで，ある程度強い。そして，計算はコンピュータを使えばできる。だから，数学の弱さをコンピュータでカバーできるのではないか』と。しかし，読者が将来もしも研究者/技術者として複素数の数値計算をする可能性があるのだったら，偏角について何の心得も持たないのは，危険である。

無限遠点 ∞, $+\infty$, $-\infty$

ここで，無限大の話を付け加えておきたい。

最初に，実数の無限大について，高校数学の復習から始めよう。まず，

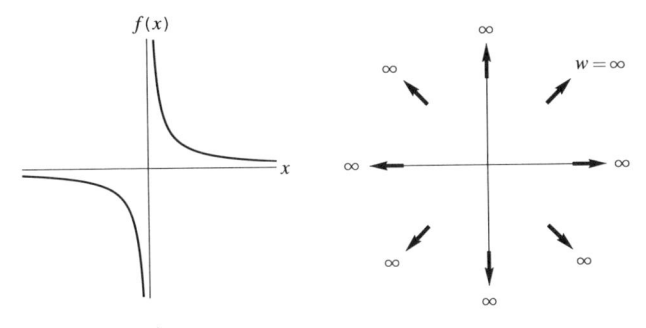

図 2.7 $f(x)=1/x$ のグラフ   **図 2.8** 無限遠点

$$f(x) = \frac{1}{x} \tag{2.53}$$

という関数を考えてみよう (図 2.7)。ここで，x を 0 に近づけたとき，関数 $f(x)$ はどう振舞うだろうか。図から明らかなように，0 に近づけるというときには，どちらの向きから近づけるかを指定する必要がある。

正の側から 0 に近づけると，$f(x)$ は無限に大きくなる。すなわち，

$$x \to +0 \text{ のとき} \quad f(x) \to +\infty \tag{2.54}$$

となる。負の側から近づけると，$f(x)$ は負の無限に大きな値をとる。

$$x \to -0 \text{ のとき} \quad f(x) \to -\infty \tag{2.55}$$

それでは，複素数 z の関数

$$w = \frac{1}{z} \tag{2.56}$$

の場合には，この事情はどうなるか。複素数の場合には，z を極形式 (2.44) の形に書くのが分かりやすい。なぜなら $z \to 0$ というときには，偏角 θ の値はいくつでも（どんな実数でも）よく，絶対値 r を 0 に近づけさえすれば $z \to 0$ となるからだ。このとき，(2.56) は

$$w = \frac{1}{r} e^{-i\theta} \tag{2.57}$$

となる。

今は偏角 θ の値がいくつでもよいから，$r \to 0$ のとき，(2.57) の w は，さまざまの大きな複素数の値を取る。もちろん，その極限値は不定である

（存在しない）。複素数の場合には，実数の場合とは違って，これらのさまざまの無限に大きい複素数を一まとめにして，∞という記号で表し，**無限遠点**と呼ぶ。この状況を図示したのが図 2.8 である。どちらの方向へ向かっても，行き着く先は同じ無限遠点となっている。

　結局，複素関数の理論では，
　　　∞　　　無限遠点（複素数），絶対値＝＋∞，偏角＝不定
　　　＋∞　　正の無限に大きな数（実数）
　　　－∞　　負の無限に大きな数（実数）
の 3 種類の記号が使われる。ただし，∞ と ＋∞ をいちいち区別するのは面倒なので，＋∞ を単に ∞ と書くことが多い。

　なお，一般に「すべての複素数」と言うとき，無限遠点はその中に含まれない。「複素平面」と言うときにも，無限遠点は含まれない。もしも無限遠点を含む場合には，「無限遠点を含む複素平面」のようにハッキリ断わる必要がある。記号を使って書く場合には，これらを $|z|<\infty$ および $|z|\leqq\infty$ と書いて区別する。

『ピンポーン』
——無限遠点についての質問ですか？

『無限遠点とかいうのは，なんだかピッタリきませんが……。実数では区別してたのに，複素数では全然区別しない。それで，困ることはないのかな……。でも，まぁ，3 通りの記号を使い分けるということだから，一応，それはそういうことで先に進むことにして……。それよりも，さっきから気になっていることがあるんです。複素数の話が一区切りついたようなので，別の質問をしてもいいですか？』
——はい，どうぞ。

線形と 1 次は同じ？

『少し前の，微分方程式のところで，線形微分方程式という言葉が何度も出てきました。線形微分方程式の解の公式は重要だとか……。その「線形」っていうのは，どういうことなんですか。数学の授業でも，「線形ナントカ」っていう言葉がいろいろ出てくるし，力学の授業でも，「これは

線形の問題だから」とか……。そういう「線形」って，みんな同じなんですか？　それとも，場合によってちょっとずつ違うんですか？』
——「線形」という言葉は，高等学校では，数学でも物理でも使いません。それなのに，大学に入るとやたらに出てくるので，とまどいを感じると思います。複素数の話からは外れますが，分からないことをそのままにして先に進んでも仕方がありませんし，「線形」というのはとても重要な概念ですから，簡単な「線形」から説明することにしましょう。

　高等学校の物理で習ったことの中に，「線形」の例は数多く見られる。たとえば，オームの法則を思い出してみよう。電圧が電流に比例するという関係だ。これをグラフに描くとどうなるか——縦軸に電圧 V，横軸に電流 I をとってグラフに（この本の余白にでも）描いてみよう。このグラフは，もちろん直線だ。一般に，
$$y = ax \tag{2.58}$$
あるいは，x 軸（または y 軸）の原点を適当に移動して
$$y = ax + b \tag{2.59}$$
という関係が成り立つとき，つまり，x の 1 次式により y が表されるとき，y と x のあいだの関係が**線形**であると言う。「線形」とは，英語の linear ($<$ line, 直線) に由来する。グラフの形が直線になっているからだ。実は，「1 次」も linear の訳語だ。つまり，ひとつの英語の単語を，日本語では場合によって訳し分けているのだ。

　そして，(2.59) 以外の場合——つまり，1 次式以外の場合を**非線形**と言う。「線形」の説明は，これで全部だ。

『それで全部だなんて……。そんな簡単なことなんですか？　じゃぁ，2 次式とか 3 次式とかは……。』
——それは，全部，非線形。$1/x$ も $\sin x$ も何でも，とにかく 1 次式以外は全部非線形。それだけのことだ。

　場合によって「線形」と言ったり「1 次」と言ったりするから，混乱が起きるのだろう。とりあえずは，
$$\text{線形} = 1 \text{次} \tag{2.60}$$
と思えばよい。「線形変換，線形独立，線形従属，線形結合」——これら

は，どれも「1次変換，1次独立，1次従属，1次結合」とも言う．ところが，微分方程式の場合だけは，(2.60)はちょっと具合が悪い．「線形2階微分方程式」なら通じるが，「1次2階微分方程式」では，何のことだか分からない．おまけに，「2階微分方程式」を「2次微分方程式」と言う人だっているからね．

線形な微分方程式

『ちょっと待ってください．僕/私には，「線形微分方程式」だって，まだ何のことか分からないんですけど……．「線形」までは，簡単なことだからというので分かりましたが，その後に「微分方程式」がつくと……．』
──それも，「線形」の延長として理解できる……「線形」＝「1次」ということが本当に分かっていればね．これも，簡単な話だ．

(2.59)は，x の1次式．だったら，
$$a_1 \dot{x} + b_1 \quad \text{は} \quad \dot{x} \text{の1次式,}$$
$$a_2 \ddot{x} + b_2 \quad \text{は} \quad \ddot{x} \text{の1次式}$$

このように，x の1次式，$\dot{x}$ の1次式，$\ddot{x}$ の1次式，これらを加えた形の微分方程式を（2階の）線形微分方程式と言う．ここで，a_1 などは，独立変数 t を含んでいてよい．これが，**線形微分方程式**の定義だ．

では，いくつかの実例について，微分方程式が線形か非線形かの判定練習をしてみよう．

[演習問題 2-23] 次の微分方程式は，線形か非線形か？ どれも物理的に意味のある微分方程式である．

(1) $M\ddot{x} + kx = 0$

(2) $M\ddot{x} + kx = F(t)$

(3) $M\ddot{x} + \gamma \dot{x} + kx = F(t)$

(4) $Ml\ddot{\theta} + Mg \sin \theta = 0$

(5) $Ml\ddot{\theta} + Mg\theta = 0$

(6) $M\dot{v} + \gamma v = Mg$

(7) $M\dot{v} + cv^2 = Mg$

第3章
正則な関数の世界

ひとくちに関数と言っても，いろいろな関数がある．関数のなかで重要なのは，微分可能な関数である．そこで，まず，実数の関数の微分から復習を始めよう．

微分可能——実関数の場合

実関数（実数 x の関数）$f(x)$ の微分係数は

$$\frac{df}{dx} = \lim_{\Delta x \to 0} \frac{f(x+\Delta x) - f(x)}{\Delta x} \tag{3.1}$$

により定義される．これは，高校数学でよく知られている．この極限値が存在するとき，関数 $f(x)$ が x において**微分可能**であるという．一般的な事項をただ復習するのは面白くないから，次の例題を考えてみよう．

問 3.1 次の関数 $f(x)$ は，x について何回微分可能か？

$$f(x) = \begin{cases} x^2 & (x \geq 0 \text{ のとき}) \\ -x^2 & (x < 0 \text{ のとき}) \end{cases} \tag{3.2}$$

解 3.1 この関数を上の定義に従って（よく知られた微分法の規則に従って）微分すると，その結果は，

$$f'(x) = \begin{cases} 2x & (x \geq 0 \text{ のとき}) \\ -2x & (x < 0 \text{ のとき}) \end{cases} \tag{3.3}$$

である．この $f(x)$ と $f'(x)$ をグラフに描くと，図 3.1 のようになる．$f'(x)$ をさらに微分することは，可能だろうか？　図を見れば（式を見て

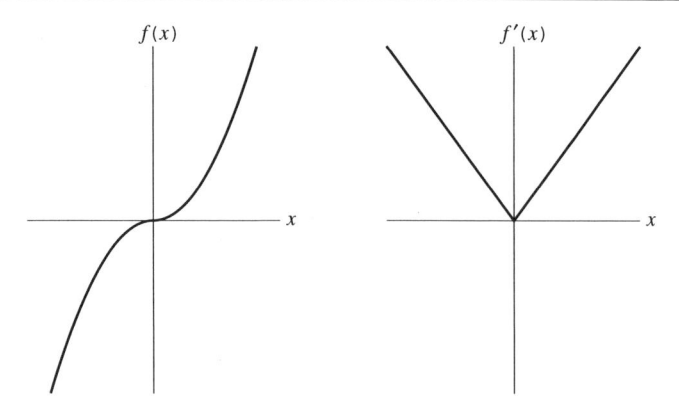

図 3.1 (3.2)式の関数 $f(x)$ とその導関数 $f'(x)$ のグラフ

も）明らかなように，$f'(x)$ は，$x=0$ で折れ曲がっている。微分係数の幾何学的意味は接線の傾きであるが，$x=0$ で関数 $f'(x)$ はとんがっていて，接線を引くことはできない。したがって，$f'(x)$ は $x=0$ で微分不可能である。

結局，この簡単な問題の答は，次のようになる。

与えられた関数 $f(x)$ は，

$x=0$ では 1 回微分可能であり，

$x\neq 0$ では何回も微分可能である。□

「微分可能」を言い換える

微分可能という言葉は，正式の言葉であるが，言いにくい。数学では微分可能の代用語として「滑らか」という言葉が使われる。図 3.1 から明らかなように，$f(x)$ はすべての x について滑らかであるが，導関数 $f'(x)$ は $x=0$ で折れ曲がっており，滑らかでない。そのため，$f'(x)$ は $x=0$ で微分不可能である。つまり，

$$\text{微分可能} = \text{滑らか} \qquad (\text{実関数の場合}) \tag{3.4}$$

という言葉の置き換えが成立する。［ただし，ある種の病的な実関数まで含めると，(3.4)は厳密ではない。実関数の**滑らか**を正確に理解しておきたい人は，しかるべき数学書を参照する必要がある。］

微分可能——複素関数の場合

複素関数（複素数 z の関数）$f(z)$ の場合には，

$$\frac{df}{dz} = \lim_{\Delta z \to 0} \frac{f(z+\Delta z) - f(z)}{\Delta z} \tag{3.5}$$

により微分係数が定義される。なぁんだ……と思うかもしれないが，この定義は，実関数の場合(3.1)と同じである。違いは，(3.1)では Δx となっていたところが，(3.5)では Δz となっただけである。

このように，式の違いは無いので，実関数の微分法についてこれまでに知っている財産は，そのまま有効である。たとえば，2つの関数の積の微分公式は，複素関数の場合にも

$$\frac{d}{dz}(f(z)g(z)) = \frac{df(z)}{dz}g(z) + f(z)\frac{dg(z)}{dz} \tag{3.6}$$

となっていて，全く同様に使うことができる。前の章に出てきたように，三角関数の微分公式(2.14)も同様に成り立つ。

では，2つの微分は全く同じなのか。それとも，何か違うのか。

小さな違いが大きな違い

実は，小さな違いがひとつだけある。

実関数の微分係数(3.1)の場合には，$x+\Delta x$ が x に近づくとき，図3.2に示すように，近づき方が2通りある。

$$\text{右から近づく場合} \quad \Delta x \to +0$$
$$\text{左から近づく場合} \quad \Delta x \to -0$$

の2通りである。この2通りの極限値が一致する場合，すなわち

$$(3.1)\text{の左極限値} = (3.1)\text{の右極限値}$$

図3.2 実数 x と複素数 z での微分可能の意味の違い

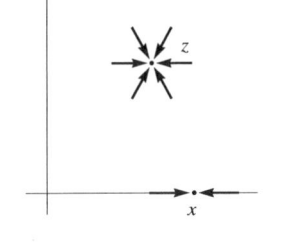

が成り立つ場合に，はじめて(3.1)の極限値が存在して，x における微分係数 df/dx が存在する（これも，高校数学の復習である）。

　複素関数の場合には，これがどうなるか。今度は，$z+\Delta z$ が z に近づくのだが，その近づき方は無数にある（図3.2）。東西南北あらゆる方向から，四方八方から近づくことができる。この無数の近づき方すべてについて極限値が等しいときに，はじめて，微分係数 df/dz が存在する。これが，はじめに言った小さな違いである。

　ことばを使っているだけでは頭に定着しにくいから，このことを数式で表そう。それには，微小な複素数 Δz を極形式で

$$\Delta z = \Delta r\, e^{i\theta} \tag{3.7}$$

と書くと便利である。このとき，(3.5)式は

$$\frac{df}{dz} = \lim_{\Delta r \to 0} \frac{f(z+\Delta re^{i\theta})-f(z)}{\Delta r}\, e^{-i\theta} \tag{3.8}$$

となる。複素変数 z の関数 $f(z)$ が z において微分可能であるとは，(3.8)の極限値が存在して，しかも偏角 θ に依らないことである。そして，分かりやすいように，(3.4)の言い換えをここでも使うと，

　　　微分可能 ＝ あらゆる方向に滑らか　（複素関数の場合）　　(3.9)

ということになる。ここで，実関数の場合を振り返って見ると，実関数の微分可能とは，実軸という一つの方向についてだけ滑らか，ということであった。

　2つの微分可能の違い——(3.4)と(3.9)の違いは，一見して些細なように見えるかも知れない。しかし，このわずかな違いこそが，まさに複素関数論をきわどく成立させている。このことは，どれだけ強調しても強調しすぎることはないのだが，ここでは，39ページの問3.1で取り上げた例に関連して，補足説明をしておこう。

　問3.1の関数 $f(x)$ は，$x=0$ で微分可能である。言い換えると，左側の関数と右側の関数が $x=0$ で滑らかにつながっている。いま，

　　「$x \geqq 0$ の領域で関数 $f(x)$ が定義されていて，その左側に何かある関
　　　数を持ってきて滑らかに接続する」

という問題を考えてみよう。(3.2)は，これを満たすひとつの例である。

しかし，もっとほかの例も考えられる。たとえば，

$$f(x) = \begin{cases} x^2 & (x \geq 0 \text{ のとき}) \\ -x^2 + x^3 & (x < 0 \text{ のとき}) \end{cases} \quad (3.10)$$

でもよい。三角関数を持ってきて適当に滑らかにつなぐことだって，できるだろう。このように，「$x = 0$ で微分可能」という条件を課しても，接続相手の実関数は無数に存在する。

ところが，複素関数の場合には，微分可能という条件を課すると，あらゆる方向に滑らかという制限のために，上のような自由は許されない。実は，「解析接続」まで進むと分かることだが，複素関数の場合には，上のような意味での接続相手は，ただ一つに限られるのだ。このように，微分可能な複素関数は，実関数に比べて，強い制約を受けることが分かる。微分可能ということの意味が質的に変わったからだと言ってもよいだろう。

ここでも「微分可能」を言い換える

複素関数の場合についても，「微分可能」という言葉を別の言葉に置き換えてみよう。

『ピンポーン。あらゆる方向に滑らか……ではいけないんですか？』

——いけないことは，ありません。でも，もっと読者にとって分かりやすい短い表現は，考えられないでしょうか？

『ウーン。非常に滑らか。とっても滑らか……それくらいではダメでしょうね……もう，メチャクチャ滑らか……そぅ……チョーなめらかっていうのは……。』

——そうですね，

$$\text{微分可能 = 超滑らか} \quad (\text{複素関数の場合}) \quad (3.11)$$

いいでしょう。早速この言葉を使わせてもらうと，複素関数論とは，超滑らかな関数の理論だと言うことができます。

『そう言われると，何だか分かるような気になってくる……少なくとも，これからどんなことを勉強するのか。』

——未公認の数学用語ですが，分かりやすいようなので，これからときどき使わせていただくことにしましょう。

コーシー・リーマン方程式

複素関数が微分可能であるためには，(3.8) が Δz の偏角 θ に依存してはならない。このことを見やすい式で表現するのが，コーシー・リーマンの微分方程式，あるいは短くコーシー・リーマン方程式である。ここでは，その方程式がどんなものであるかをまず示し，導出は後回しにしよう。

複素数 z を実部 x と虚部 y に分けて
$$z = x + iy \tag{3.12}$$
と書くのと同様に，z の関数 $f(z)$ も実部 $u(x,y)$ と虚部 $v(x,y)$ に分けて
$$f(z) = u + iv \tag{3.13}$$
と書くことにする。このとき，u と v が満たす微分方程式
$$\frac{\partial u}{\partial x} = \frac{\partial v}{\partial y}, \qquad \frac{\partial u}{\partial y} = -\frac{\partial v}{\partial x} \tag{3.14}$$
を**コーシー・リーマン方程式** (Cauchy-Riemann equation) という。この (3.14) が成り立つかどうかを調べることにより，関数 $f(z)$ の微分可能性を判定することができる。

問 3.2 $f(z) = z^2$ の実部 $u(x,y)$ と虚部 $v(x,y)$ がコーシー・リーマン方程式を満たすことを示せ。

解 3.2 まず，与えられた関数の実部 u と虚部 v を求める。
$$f(z) = z^2 = (x + iy)^2 = x^2 + 2xiy - y^2$$
であるから，その実部と虚部は
$$u = x^2 - y^2$$
$$v = 2xy$$
である。この u と v は，明らかにコーシー・リーマン方程式 (3.14) を満たす。すなわち，
$$\frac{\partial u}{\partial x} = 2x = \frac{\partial v}{\partial y}, \qquad \frac{\partial u}{\partial y} = -2y = -\frac{\partial v}{\partial x}$$
が成り立っている。

したがって，この関数 $f(z)$ は，すべての複素数 z において微分可能で

ある。□

[演習問題 3-1] $f(z) = z^3$ がコーシー・リーマン方程式を満たすことを示せ。

[演習問題 3-2] $f(z) = \mathrm{e}^z$ がコーシー・リーマン方程式を満たすことを示せ。

コーシー・リーマン方程式を導く

コーシー・リーマン方程式(3.14)を得る過程を，以下に問題として示す．この計算を追いかけると，これまでの説明の流れを正確に理解できるはずである．

[演習問題 3-3] 微分係数(3.8)が θ に依らないという条件から，コーシー・リーマン方程式(3.14)を以下の手順に従って導け．

(1) 微小な複素数 $\mathit{\Delta} z$ を実部と虚部に分けて
$$\mathit{\Delta} z = \mathit{\Delta} x + i\, \mathit{\Delta} y \tag{3.15 a}$$
とおき，微小量 $\mathit{\Delta} x, \mathit{\Delta} y$ について1次までの範囲で
$$f(z+\mathit{\Delta} z) - f(z)$$
$$= \mathit{\Delta} x \frac{\partial u}{\partial x} + \mathit{\Delta} y \frac{\partial u}{\partial y} + i\, \mathit{\Delta} x \frac{\partial v}{\partial x} + i\, \mathit{\Delta} y \frac{\partial v}{\partial y} \tag{3.15 b}$$
と表せることを示せ．

(2) $\mathit{\Delta} x, \mathit{\Delta} y$ は，角度 θ と $\mathit{\Delta} r$ を使って
$$\mathit{\Delta} x = \mathit{\Delta} r \cos\theta \tag{3.15 c}$$
$$\mathit{\Delta} y = \mathit{\Delta} r \sin\theta \tag{3.15 d}$$
と書くことができる．(3.15 b)でこの置き換えを行い，(3.8)が
$$\frac{\mathrm{d} f}{\mathrm{d} z} = \left(\frac{\partial u}{\partial x} + i\,\frac{\partial v}{\partial x}\right)\cos\theta\, \mathrm{e}^{-i\theta} + \left(\frac{\partial u}{\partial y} + i\,\frac{\partial v}{\partial y}\right)\sin\theta\, \mathrm{e}^{-i\theta} \tag{3.15 e}$$
と書けることを示せ．

(3) この右辺に恒等式
$$\cos\theta = \mathrm{e}^{i\theta} - i\sin\theta \tag{3.15 f}$$
を用いて

$$\frac{df}{dz} = \frac{\partial u}{\partial x} + i\frac{\partial v}{\partial x}$$
$$+ \left[\frac{\partial u}{\partial y} + \frac{\partial v}{\partial x} - i\left(\frac{\partial u}{\partial x} - \frac{\partial v}{\partial y}\right)\right]\sin\theta\, e^{-i\theta} \tag{3.15 g}$$

を示せ．

(4) (3.15 g) が Δz の偏角 θ に依らないという条件から，コーシー・リーマン方程式 (3.14) を導け．

正則な関数

複素関数の理論には，「正則」という言葉がよく出てくる．実際上は，

$$\text{正則} = \text{微分可能} \tag{3.16}$$

と思って差しつかえない．ただし，きちんと言うと，関数 $f(z)$ が点 $z=a$ とその近傍（その点を含む領域であって，どんなに小さくてもよい）で1価関数であって微分可能なときに，関数 $f(z)$ が $z=a$ において**正則**であるという．

この定義から分かるように，関数 $f(z)$ が 1 点だけで微分可能な場合には，正則とは言わない．そのすぐそばの点でも微分可能なときに，はじめて正則と言う．ただし，この違いが問題になることは応用上ほとんど無いので，あまり気にかける必要はない．

上の定義は，1 点における正則の定義であるが，同様に，ある領域 D において正則だと言う場合もある．すなわち，関数 $f(z)$ が複素平面上のある領域 D 内のすべての点で正則なとき，関数 $f(z)$ は領域 D において正則であるという．

問 3.3 関数 $f(z) = |z|^2$ は
(1) どんな点で微分可能か？
(2) どんな点で正則か？

解 3.3 微分可能の判定は，コーシー・リーマン方程式により行う．そのためには，与えられた関数の実部 u と虚部 v を求める必要がある．今の場合

$$u = x^2 + y^2, \quad v = 0$$

となっている．この u と v の偏導関数は

$$\frac{\partial u}{\partial x} = 2x, \quad \frac{\partial v}{\partial y} = 0$$

$$\frac{\partial u}{\partial y} = 2y, \quad \frac{\partial v}{\partial x} = 0$$

であるから，$z=0$ のとき（$x=y=0$ のとき）に限って，コーシー・リーマン方程式が成り立つ．したがって，この問題の関数 $f(z)$ は
 (1) 複素平面上の1点 $z=0$ で微分可能であり，
 (2) 複素平面上のすべての点で，正則でない．□

この例から分かるように，実関数の場合とはだいぶ感じが違って，複素数の関数の場合には，複素平面上の到るところで正則でない関数を容易に作ることができる．

特異点

関数 $f(z)$ が正則でない点を，その関数の**特異点**という．上の例は，到るところが特異点——危険がいっぱい——という特殊な例である．実際には，そんな関数は珍しい．特異点の話はこの先に出てくるから，詳しくは，そこで（第5章で）また説明することにして，ここでは，特異点の例をいくつか挙げておこう．

$$\frac{1}{z-a}, \quad \frac{1}{(z-a)^2}, \quad (z-a)^{\frac{1}{2}}, \quad \log(z-a) \tag{3.17}$$

これらの関数は，どれも $z=a$ に特異点を持つ．別に複素関数としてでなくても，実数の関数として考えても，これらの関数が $z=a$ で微分不可能なことは明らかだ．これに対して，

$$z, \quad z^2, \quad e^z, \quad \sin z, \quad \cos z \tag{3.18}$$

は，（無限遠点 $z=\infty$ に特異点を持つが，それ以外には）特異点を持たない．

微分可能の定義のところで，微分可能な複素関数には強い制約があると述べたが，それでも，我々になじみの深い関数は，上の例が示すように，少数個の特異点を除けば，それ以外の到るところで正則である．したがっ

て，この「制約」とは，問3.3のような特殊な関数を除外するという意味である．

『ピンポーン．(3.17)のような関数が a で微分不可能だというのは，分かります．高等学校で習った実数の関数の意味でも，微分係数が無限大になってしまいますから．では，$(z-a)^{\frac{3}{2}}$ という関数は，どうなんでしょうか？』

——あぁ，その関数は $z=a$ で1回微分可能です．ところが，$z=a$ のまわりで1価関数ではない．したがって a において正則ではない．こういう種類の特異点は，分岐点と呼ばれています．分岐点については，第8章で説明する予定です．

正則な関数はノッペラボー

『ピンポーン．特異点という言葉を初めて聞きました．それで，その特異点とかいうのは，どういう位置づけで考えたらいいんでしょうか？』

——？

『たぶん，正則な関数の方が，性質がよくて分かりやすいんだろうと思います．だから，特異点を持っている関数は，なんか質(たち)が悪い，悪質だとか……．つまり，言葉の感じから

　　　　　正則 ＝ よい

　　　　　特異点 ＝ わるい

という印象を受けるんですが……．』

——面白い受け止め方ですね．では，人間の顔について考えてみましょう．誰か人の顔を見分けるとき，どうやって見分けていますか．

『そう，意識しているわけではないけれど，多分，その人の目の感じとか……．多分，目が一番大きいでしょうね．』

——人間の顔は，頬のようにのっぺりしたところと，目や口のようにへこんだ部分があります．頬のような部分を正則だと考えてみましょう．もしも，人間の顔が完全に正則だったら，ノッペラボーで，誰が誰だか区別がつきません．目や口のような特異点があるから区別がつくのです．これと同じように考えるとよいでしょう．関数の特徴は，特異点に最もハッキリ

現れます。何かの関数が与えられたとき，その関数の特徴をつかむには，どこにどんな特異点を持っているかを知るのが手っ取り早いのです。

特異点を全く持たない，いわば品行方正の優等生という関数も考えられます。それはどういう関数かというと

$$f(z) = \text{const.} \quad (一定値)$$

という関数です。この関数は，無限遠点も含めて複素平面全体で超滑らかです。でも，こんなノッペラボーの関数は，誰も面白いと思わないでしょう。

複素積分

微分の話がひと通り済んだから，積分に進もう。複素関数の積分を複素積分という。しかし，複素積分に入る前に，これまでに知っている普通の実関数の積分を思い出しておこう。

実数 x の関数 $f(x)$ を区間 $[a,b]$ で積分すると

$$I = \int_a^b f(x)\,\mathrm{d}x = F(b) - F(a) \tag{3.19}$$

となる。ここで $F(x)$ は，被積分関数 $f(x)$ の不定積分（原始関数とも言う）である。積分の上限 b と下限 a を入れ換えると，

$$\int_b^a f(x)\,\mathrm{d}x = F(a) - F(b) = -I \tag{3.20}$$

となって，符号が反対になる。

複素積分の立場からは，積分(3.19)は，図3.3に示すように，実軸上の線分の上で積分をしていると見ることができる。実軸の上で積分しているので，実数 a と b，それに被積分関数 $f(x)$ を指定すれば，それで十分である。

ところが，複素積分の場合には，始点 z_1 と終点 z_2，それに被積分関数 $f(z)$ を指定するだけでは不十分である。図3.3に示すように，z_1 から z_2 までどういう経路を通っていくかを（図を描いて）指定する必要がある。積分経路の記号としては，英語のcontourの頭文字を取ってCと書くことが多い。このCを積分記号の下に書いて

図3.3 積分の経路

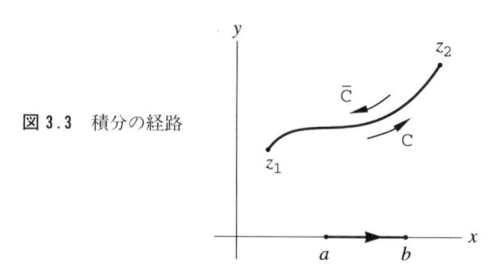

$$I = \int_C f(z)\,\mathrm{d}z \tag{3.21}$$

により複素積分を表す。このように，複素積分 I の値は，積分の経路に依存するというのが大切な点である。

複素積分のきちんとした数学的定義をここにこまごまと書くのはやめよう。すぐ下の例題や演習問題を解いて慣れることの方が大切である。ただ，その前にひとつだけ，後で使うことを書いておきたい。それは，積分経路を逆向きにしたときに，積分の値がどうなるかということである。図3.3で z_2 から z_1 まで C とは逆向きに進む経路を $\bar{C}$ と表すことにしよう。このとき，逆経路 $\bar{C}$ に沿った積分は，

$$\int_{\bar{C}} f(z)\,\mathrm{d}z = -I \tag{3.22}$$

となって，(3.21)の逆符号をとったものに等しい。このことは，実関数の場合(3.20)との類推から理解できるだろう。

では，簡単な複素積分を計算してみよう。

混線に注意

『ピンポーン。ちょっと待ってください。頭の中が混線しかかっているので……。』

——どんな混線が……。

『積分と言われると，つい，図3.3のようなグラフを積分するのかと思ってしまうのです。』

——だったら，それも，複素積分で注意を要する点でしょう。図3.3は，

どういう《関数》を積分するかについては，何も言っていません。どういう《経路》に沿って積分するかを指定しているのです。《経路》という言葉の意味は，以下の計算例で分かると思います。複素関数の積分では，実関数の積分と違って，被積分関数 $f(z)$ を図示することは，ありません。図示するのは積分の経路（積分路）だけです。そもそも，z も $f(z)$ も複素数ですから，$f(z)$ のグラフを図示するなんてことは，ほとんど不可能なのです——$f(z)$ を実部と虚部に分けて，それぞれを立体図によって示すなら，なんとかできないことはありませんが。

問 3.4 図 3.4 に示す 2 通りの経路 C_1, C_2 上の積分

$$I_i = \int_{C_i} z \, dz \quad (i=1,2) \tag{3.23}$$

を計算せよ。

解 3.4 はじめに，積分 I_1 から考えよう。積分路 C_1 は，水平部分（原点 0 から x_2 まで）と垂直部分（x_2 から x_2+iy_2 まで）から成るので，I_1 は，この 2 つの部分での積分の和に分解される。

$$I_1 = \int_{C_1} z \, dz = \int_{水平} z \, dz + \int_{垂直} z \, dz$$

水平部分は，実関数の積分と同じであって，

$$\int_{水平} z \, dz = \int_0^{x_2} x \, dx = \frac{1}{2} x_2{}^2$$

となる。一方，垂直経路の部分では，

$$z = x_2 + iy \quad (0 \leq y \leq y_2)$$

であるから，

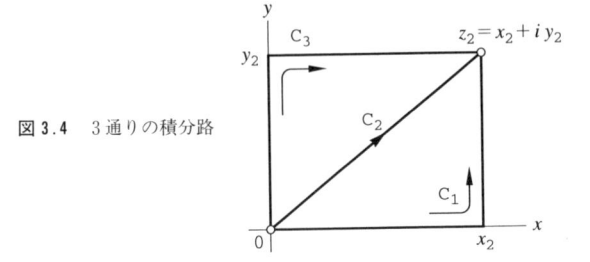

図 3.4　3 通りの積分路

となり，垂直経路に沿った積分は

$$\int_{\text{垂直}} z\,dz = \int_0^{y_2}(x_2+iy)\,i\,dy = ix_2y_2 - \frac{1}{2}y_2{}^2$$

となる。ここで，y についての上の積分は，普通の実関数の積分と同じように実行すればよい。以上の2つを加えて，

$$I_1 = \frac{1}{2}x_2{}^2 + i\,x_2y_2 - \frac{1}{2}y_2{}^2 = \frac{1}{2}(x_2+iy_2)^2 = \frac{1}{2}z_2{}^2$$

という結果が得られる。

次に，経路 C_2 に沿った積分を計算しよう。この場合には，積分路が直線

$$y = \frac{y_2}{x_2}x$$

であるから，

$$z = x + iy = \left(1 + \frac{iy_2}{x_2}\right)x$$

となる。このとき

$$dz = \left(1 + \frac{iy_2}{x_2}\right)dx$$

となるから，

$$I_2 = \int_0^{x_2}\left(1 + \frac{iy_2}{x_2}\right)^2 x\,dx = \frac{1}{2}(x_2+iy_2)^2 = \frac{1}{2}z_2{}^2$$

という結果が得られる。結局，この例の場合には，I_1 と I_2 が等しいことが分かる。□

[演習問題 3-4] 関数 $f(z)=z$ を図 3.4 の経路 C_3 に沿って積分せよ。

『ピンポーン。質問です。』

——どうぞ。

『複素積分のところで，積分の値が積分の経路に依存するという説明がありました。そして，それが重要だということだったと思います。でも，問

3.4 で実際に積分の値を計算してみると，I_1 と I_2 が等しくなりました。おまけに，演習問題 3-4 の計算をしてみると，I_3 も等しくなっています。はじめの話とちがうんじゃありませんか？』

——おっしゃる通りです。この場合には，$I_1 = I_2 = I_3$ となっています。

『それからもう一つ。最後の結果が $\frac{1}{2} z_2{}^2$ となっていますね。これって実関数(3.19)で不定積分を使う場合と同じになっている。だったら，こんな面倒な計算をしなくたって，ふつうの積分と同じように

$$\int_{z_1}^{z_2} z \, \mathrm{d}z = \left[\frac{1}{2} z^2 \right]_{z_1}^{z_2} = \frac{1}{2} z_2{}^2 - \frac{1}{2} z_1{}^2 \tag{3.24}$$

でも構わない……。少なくとも，結果から見れば，多分，これでいいように見える……。』

——そこまでバレていましたか。

では，ちょっと整理しましょう。たしかに「積分の値は，積分の経路に依存する。これは重要である」と説明しました。その前に《一般に》というのをつけておくべきでした。つまり，積分の値は，一般には経路に依存するが，特別の場合には経路に依存しないのです。上の例題は，その特別の場合に当たっています。

それでは，どういう場合が特別で，どういう場合が特別でないのか——それを教えてくれるのが，コーシーの積分定理です。

コーシーの積分定理

関数 $f(z)$ が，図 3.5 に示すような複素平面上の閉曲線 C とその内部 D で正則ならば，C を一周する経路に沿って $f(z)$ を積分すると，その結果は 0 である。

$$\oint_C f(z) \, \mathrm{d}z = 0 \tag{3.25}$$

証明 この定理の証明には，グリーンの定理（あるいは平面上の

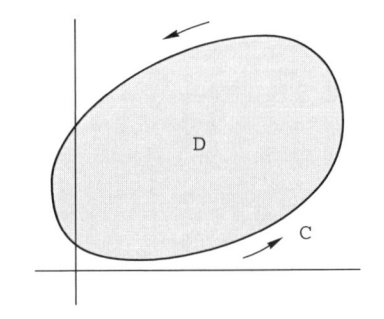

図 3.5 積分路 C とそれによって囲まれる領域 D

グリーンの定理)

$$\oint_C (P\mathrm{d}x + Q\mathrm{d}y) = \iint_D \left(\frac{\partial Q}{\partial x} - \frac{\partial P}{\partial y}\right)\mathrm{d}x\mathrm{d}y \quad (3.26)$$

を利用する。ここで，P, Q はどちらも x, y の関数である。グリーンの定理を知らない読者にはその証明も必要だろうが，ここで1回使うだけの定理なので，数学の本を何か見ていただくことにしたい。

　定理の条件に《正則な》と書かれているが，この条件は，コーシー・リーマンの微分方程式が成り立つという意味で使用する。また，(3.25)の積分記号には○印がついているが，これは，積分路Cが閉曲線であることを強調するためにつけた目印である。

　では，証明に進もう。z を実部と虚部に分けて $z = x + iy$ とすれば，

$$\mathrm{d}z = \mathrm{d}x + i\,\mathrm{d}y$$

である。また，$f(z)$ の方も実部と虚部に分けて書けば，

$$\oint_C f(z)\,\mathrm{d}z = \oint_C (u + iv)(\mathrm{d}x + i\,\mathrm{d}y)$$

$$= \oint_C [(u + iv)\,\mathrm{d}x + (iu - v)\,\mathrm{d}y]$$

となる。そこで，

$$P = u + iv$$
$$Q = iu - v$$

とおけば，グリーンの定理(3.26)が使える形になっている。この P, Q については，(3.26)右辺の被積分関数が

$$\frac{\partial Q}{\partial x} - \frac{\partial P}{\partial y} = -\frac{\partial u}{\partial y} - \frac{\partial v}{\partial x} + i\left(\frac{\partial u}{\partial x} - \frac{\partial v}{\partial y}\right)$$

となる。コーシー・リーマン方程式(3.14)により，これは消える。その結果，(3.26)の右辺が0になるので，コーシーの積分定理(3.25)が証明された。□

『ピンポーン。それで，もしも関数 $f(z)$ が正則でないときには，どうなるのですか？』

第3章　正則な関数の世界

——ちょっと，整理しましょう．コーシーの積分定理は，領域Dの中のすべての点で関数$f(z)$が正則ならば，積分(3.25)が0になることを主張します．これは，いいですね．

『はい．』

——もしも，1点でも正則でない点があれば，(3.25)が成り立つという保証はありません．その場合，一周積分した結果は，0になることもあるし，0でないこともあります．簡単な例として，

$$f(z) = z^{-2}$$

という関数を原点のまわりでぐるっと回る経路で積分してみます．第5章の留数定理のところでこの種の計算が出てきますが，その結果は0です．しかし，上の関数$f(z)$は$z=0$に特異点を持っていて，正則ではありません．言い換えると，$f(z)$が正則でない場合でも，積分が0になることは，ありえます．

積分路を変形する

コーシーの積分定理を用いると，複素積分の経路をかなり自由に変更することが許される．

いま，図3.6に示す2つの経路C_1とC_2に沿って始点z_1から終点z_2まで進む2つの積分

$$I_1 = \int_{C_1} f(z)\,\mathrm{d}z \tag{3.27}$$

$$I_2 = \int_{C_2} f(z)\,\mathrm{d}z \tag{3.28}$$

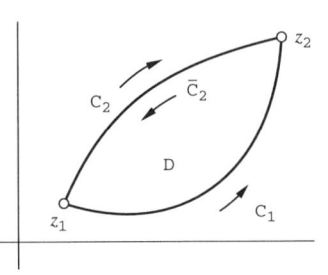

図3.6　2通りの積分路

を考えよう。ここで，C_2 の逆経路を $\bar{C}_2$ と書くと，(3.22) に述べた複素積分の性質により，

$$-I_2 = \int_{\bar{C}_2} f(z)\, dz \tag{3.29}$$

が成り立つ。ここで (3.27) と (3.29) を加えると，左辺は $I_1 - I_2$ となる。右辺は，z_1 から出発して C_1 を経由して z_2 に到り，そこから $\bar{C}_2$ を通って z_1 に戻る積分になる。ということは，閉曲線

$$C = C_1 + \bar{C}_2$$

に沿って一周する積分となるので，

$$I_1 - I_2 = \oint_C f(z)\, dz \tag{3.30}$$

が得られる。ここまでは，関数 $f(z)$ の性質について何も仮定していない。もしもここで，$f(z)$ が図の領域 D (C_1 と C_2 が囲む領域) と C_1, C_2 の上で正則であると仮定すれば，コーシーの積分定理 (3.25) により (3.30) が 0 に等しい。したがって，この条件が満たされている場合には，

$$I_1 = I_2$$

が成り立つ。

つまり，複素積分は，正則な領域では（すなわち，特異点に妨げられない限り），積分の経路をどのように変形しても，その値が変わらない。前に出てきた《特別な場合》とは，この場合である。問 3.4 の場合について言うと，被積分関数 $f(z) = z$ は特異点を持たず，到るところ正則である。したがって，積分路をどう変形しても，積分の値は変わらない。そして，このような場合には，(3.24) のような計算をしても，何の問題も起こらないのである。

流れ図

ここで，この章の流れを図にまとめておこう。すべての出発点は，微分可能の定義にある。ここから出発して，コーシーの積分定理に到達した。この定理を使うと，正則な関数の複素積分は，その経路を変形できることが分かった。

第3章 正則な関数の世界

この流れ図の一番下のところは，定理と呼んでもよいくらい重要なものだが，名前がついていない。「正則関数の積分路変形定理」とでも呼べばよいのだろうが，とにかく，名前がないのは不便である。仕方がないので，コーシーの積分定理により積分の経路を変更して……，というように書くのが普通のようである。

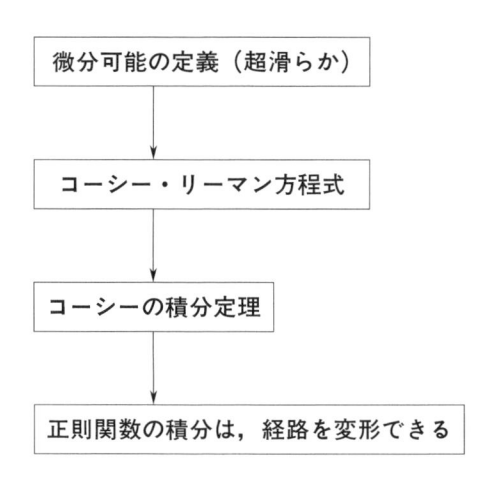

```
┌─────────────────────────┐
│ 微分可能の定義（超滑らか） │
└─────────────────────────┘
            ↓
┌─────────────────────────┐
│ コーシー・リーマン方程式   │
└─────────────────────────┘
            ↓
┌─────────────────────────┐
│ コーシーの積分定理         │
└─────────────────────────┘
            ↓
┌─────────────────────────────────┐
│ 正則関数の積分は，経路を変形できる │
└─────────────────────────────────┘
```

経路に依存する複素積分の例

最後に，《特別でない》場合の例，すなわち，積分の結果が経路に依存する例をひとつ示しておこう。

問 3.5 始点 $z_1 = 1$ を出発して，図 3.7(a) の経路 C_1 を通り，終点 $z_2 = r_2\, e^{i\theta_2}$ に到る積分

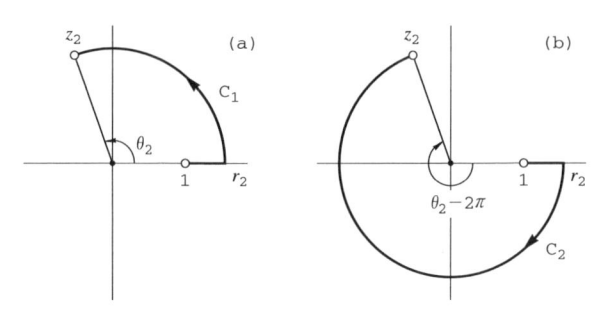

図 3.7 (a) 問 3.6 の積分路，(b) 問 3.7 の積分路

$$I_1 = \int_{C_1} \frac{1}{z} \, dz$$

を計算せよ。

解 3.5 図の積分路 C_1 は，水平部分（$z_1=1$ から r_2 まで）と円弧（r_2 から z_2 まで）の部分に分けられる。水平部分は，実関数の積分

$$\int_1^{r_2} \frac{1}{x} \, dx = \Big[\log x \Big]_1^{r_2} = \log r_2$$

である。次に，円弧の部分での積分を計算する。それには，極形式

$$z = r_2 \, e^{i\theta}$$

を採用する。いまは，z が半径 r_2 の円周上にあるので，$r=r_2$ とおいた。このとき

$$dz = \frac{dz}{d\theta} \, d\theta = r_2 \, i \, e^{i\theta} \, d\theta$$

となるから，$\theta=0$ から θ_2 までの円弧上の積分は

$$\int_{r_2}^{z_2} \frac{1}{z} \, dz = \int_0^{\theta_2} \frac{1}{r_2 \, e^{i\theta}} \, r_2 \, i \, e^{i\theta} \, d\theta = \int_0^{\theta_2} i \, d\theta = i \, \theta_2$$

となる。この 2 つを加えて，

$$I_1 = \log r_2 + i \, \theta_2$$

という結果が得られる。□

問 3.6 こんどは，図 3.7(b) の経路 C_2 に沿って，積分

$$I_2 = \int_{C_2} \frac{1}{z} \, dz$$

を計算せよ。始点と終点は前問と同じであるが，経路が異なる。

解 3.6 図の積分路 C_2 は，水平部分と円弧の部分から成る。水平部分は，C_1 と共通である。一方，円弧の部分では，C_1 と逆に回るので，偏角 θ が 0 から $\theta_2 - 2\pi$ まで（あるいは 2π から θ_2 まで）減少する。したがって，図の円弧に沿った積分は，

$$\int_{r_2}^{z_2} \frac{1}{z} \, dz = \int_0^{\theta_2 - 2\pi} i \, d\theta = i \, (\theta_2 - 2\pi)$$

となる。この結果,

$$I_2 = \log r_2 + i\,(\theta_2 - 2\pi)$$
が得られる。□

この 2 つの結果を比べると，
$$I_2 = I_1 - 2\pi i$$
となっており，I_1 と I_2 は等しくない。その原因は，被積分関数 $\dfrac{1}{z}$ が $z=0$ に特異点を持つからである。積分路は，被積分関数が正則である限り自由に変形できるが（変形しても積分の値は変わらないが），特異点があると，そこを越えて変形することは許されない。

偏角に御用心

『ピンポーン。偏角というのが，まだ慣れないものですから……。でも，$e^{-2\pi i}=1$ だから構わないということですか？』

——何を言いたいのか見当はつきますが，でも，一応，自分のことばで最後まできちんと話して下さい。

『あっ，はい。問 3.5 の場合には，偏角 θ について 0 から θ_2 まで積分しています。ところが，問 3.6 の場合には，θ について 0 から $\theta_2-2\pi$ まで積分している。2 つの場合で，終点の偏角が 2π だけ違いますね。この違いは問題にならないのですか？』

——その話に入る前に，ちょっと断っておきましょう。偏角の範囲については，前の章で説明しました（31 ページ）。偏角の範囲を図 2.5 のように制限する取り決めのことです。いまは偏角について積分しているので，図 2.5 のどちらの制限でも困ることがあります。ですから，偏角について積分する場合には，この制限を外して考える必要があります。さもないと，偏角が不連続になってしまうからです。これは，いいでしょうか？

『はい。分かります。』

——次に，上の質問についてですが，前の場合には，始点 1 からスタートして，実数 r_2 を経由して $z_2=r_2\,e^{i\theta_2}$ まで左回り（反時計回り）の経路に沿って積分しました。一方，後の場合には，同じように始点 1 からスタートして r_2 を経由し，今度は右回り（時計回り）の経路に沿って $r_2\,e^{i(\theta_2-2\pi)}$ まで積分しました。2 つの終点の偏角は，たしかに 2π 違います。この違

いが問題になるのかならないのか，という質問ですね？

『はい。その通りです。』

——もう気がついているはずですが，この違いは問題にはなりません。$r_2 e^{i(\theta_2 - 2\pi)}$ と $r_2 e^{i\theta_2}$ が同一の複素数だからです。この2個の複素数を複素平面の上に描けば，同じ点になりますからね。

『では，偏角の 2π の違いは，いつでも無視して構わないのですか？』

——いいえ。

『それなら，どういう場合には 2π の違いを無視してよくて，どういう場合にはいけないのですか？』

——たしかに，「偏角に御用心」ということは，あります。本当に御用心の必要が発生したら，そこでハッキリ合図をすることにしましょう。それまでは，$e^{2\pi i} = 1$ だから偏角の 2π の違いは問題にならないと思っていて下さい。それで，いいでしょうか。

『はい。……それから，もう一つ。』

——偏角の続きですか？

複素積分と不定積分

『いいえ，別の質問です。「正則関数の積分路変形定理」というのは，分かりました。でも，それと，さっき僕/私が書いた(3.24)のように計算していいということとの関係が，いまいち分からないんです。』

——つまり，高等学校のときから慣れ親しんでいる(3.19)を複素積分にあてはめると，たとえば，(3.24)のようになる。こういう積分の計算が，複素数の世界ではどこまで許されるか，という質問ですね？

『はい，その通りです。それが分かれば，実数のときと頭の中でつながるような感じがするんですけど……。』

——こういう質問には，ごたごた答えると，かえって頭の中が混乱する。ここでは，スパッと答えておきましょう。(3.18)のように，特異点を持たない関数を積分する場合には，高等学校の延長で構わない。その最も簡単な例が(3.24)だった。実際，この積分の値は，積分路に依存しませんでしたね？

『はい。3通りの積分の結果が、どれも同じでした。』

——一方、(3.17)のような関数を積分すると、その結果は、一般には積分の経路に依存する。すぐ上に出てきた計算例が、この場合に当たっている。こういう場合には、(3.19)をそのまま使うと危険な場合がある。こんなことで、ひとまず、いいでしょうか？

『よくは分かりませんが、そういうことなら、なんとか……。』

——実際には、上に言ったことでは簡単すぎるのですが、勉強がだんだん進んでいけば、自然に分かるようになることもあるでしょう。

思い違い

『最後にもう一つ。ここまで読んできて、「複素関数論」という言葉についてこれまでどうやら思い違いをしていたことに気がつきました。』

—— ？

『関数の理論ということだから、関数の性質をいろいろ調べるのが複素関数論だと……。』

—— ？？　その通りなんですが……。「複素関数論」は単に「関数論」とも言います。英語では theory of functions ……。

『高等学校では、たとえば三角関数の性質についていろいろ勉強しました。指数関数とか対数関数とかも出てきました。ですから、大学ではもっと新しい関数がいろいろ出てきて、その性質を勉強するのが関数論なんだろうと、何となくそう思っていました。でも、そうではなかった……。57ページの流れ図のようなことが、複素関数論の中身なんですね。』

——そうです、その通りです。補足すると、一つひとつの関数についてその性質を具体的に調べるのが関数論ではありません。それは、むしろ関数論の応用に属します。複素数 z の関数 $f(z)$ が《一般に》どんな性質を持つかを議論するのが、関数論なのです。

第4章
ベキ級数,テイラー展開

ベキ級数

複素数 z の整数乗 z^n から作られる級数

$$f(z) = \sum_{n=0}^{\infty} c_n z^n = c_0 + c_1 z + c_2 z^2 + c_3 z^3 + \cdots\cdots \quad (4.1)$$

をベキ級数という。係数 c_n は,一般に複素数であってよい。このような級数には,つねに収束の問題がつきまとう。なぜなら,もしも級数が発散する場合には,それによって関数 $f(z)$ を定義することができないからである。

級数の収束については,種々の判定法が知られているが,ベキ級数に話を限れば,簡単である。ベキ級数(4.1)が収束するためには,n を大きくしていったときに,各項の大きさ $c_n z^n$ がだんだん小さくなっていく必要がある。すなわち,$n \to \infty$ の極限で

$$|c_n z^n| > |c_{n+1} z^{n+1}| \quad (4.2)$$

が満たされる必要がある。したがって,収束のための条件は

$$|z| < R \quad (4.3)$$

ただし,

$$R = \lim_{n \to \infty} \frac{|c_n|}{|c_{n+1}|} \quad (4.4)$$

である。この R を**収束半径**と呼ぶ。収束半径内部の z に対して,ベキ級数(4.1)は収束し,しかも,項別に微分することも積分することも許され

る。

問 4.1 次のベキ級数の収束半径を求めよ。
$$1 + 2z + 4z^2 + 8z^3 + \cdots\cdots \qquad (4.5)$$

解 4.1 このベキ級数の係数は
$$c_n = 2^n$$
である。これを(4.4)に使って，収束半径
$$R = \frac{1}{2}$$
を得る。したがって，ベキ級数(4.5)は，
$$|z| < \frac{1}{2}$$
すなわち，原点を中心とする半径 $\frac{1}{2}$ の円内で収束する。□

［演習問題 4-1］ 指数関数の定義式(2.7)の収束半径を求めよ。

［演習問題 4-2］ 次のベキ級数の収束半径を求めよ。
$$f(z) = 1 + z + 2z^2 + 3z^3 + 4z^4 + \cdots\cdots$$

『ピンポーン』

——はい，何でしょう。

『級数の収束の話は，もっと難しいのかと思っていました。こんなに簡単なことでいいんでしょうか？』

——と言うと？

『級数の収束には，ナントカ収束というのがいろいろ出てくるし，収束判定の方法もいろいろあるみたいですね。それで，収束の話は，ゴチャゴチャした感じがしていました。あれは，全部要らないんですか？』

——要るか要らないかは目的によって違います。本書は，まえがきに書いた方針に従って話を進めている。そういう進め方の場合には，ベキ級数についてここに書いてあることだけ一通り理解していれば，一応は困らないということです。そもそも，勉強というのは，教科書の順序に従って進んでいくと，退屈してイヤになってしまうことが多い。場合によっては，目的がハッキリしていれば，適当にすっとばして，必要なことだけを勉強し

ていくのでもよい．もっとも，初めて勉強するときに，どこをすっとばせるかの判断はとても難しいが……．

テイラー展開

一般に，$z=a$ において正則な関数 $f(z)$ は，a のまわりでベキ級数

$$f(z) = \sum_{n=0}^{\infty} A_n (z-a)^n \tag{4.6}$$

にテイラー(Taylor)展開することができる．展開係数は，

$$A_0 = f(a), \quad A_1 = f'(a), \quad A_2 = \frac{1}{2} f''(a), \quad \cdots\cdots$$

$$A_n = \frac{1}{n!} f^{(n)}(a) \tag{4.7}$$

により与えられる．

ベキ級数(4.6)は**テイラー級数**と呼ばれる．テイラー展開の係数が(4.7)により与えられることは，きちんと示せるが，それは本書の後の方で触れる．

テイラー級数はベキ級数であるから，(4.6)についても収束の問題がつきまとう．しかしながら，複素関数論の立場から言うと，テイラー展開の収束半径 R は，ごく簡単な規則により決まる．

いま，関数 $f(z)$ が複素平面上の，たとえば図 4.1 の×印をつけた位置に特異点を持つとしよう．このとき，(4.6)の収束半径 R は，a から最も近い特異点までの距離に等しい．

これは，複素関数の理論が教えてくれるひとつの重要な規則である（これについても，後に第 9 章でまとめて述べる）．

図 4.1　テイラー級数の収束半径 R は特異点までの距離により決まる

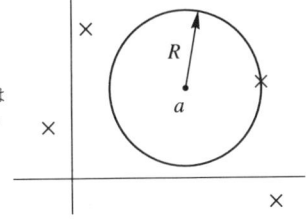

問 4.2 次の関数を $z=0$ のまわりでテイラー展開せよ。また，その収束半径を求めよ。

$$f(z) = \frac{1}{1+z} \tag{4.8}$$

解 4.2 (4.8)の関数 $f(z)$ を次々に微分すると，

$$f'(z) = \frac{-1}{(1+z)^2}, \qquad f''(z) = \frac{2}{(1+z)^3}, \qquad \cdots\cdots$$

$$f^{(n)}(z) = \frac{(-1)^n n!}{(1+z)^{n+1}}$$

が得られるから，$z=0$ での n 階微分係数の値は

$$f^{(n)}(0) = (-1)^n n!$$

となる。これを (4.7), (4.6) に使うと，

$$\frac{1}{1+z} = 1 - z + z^2 - z^3 + - \cdots\cdots \tag{4.9}$$

が得られる。

また，この関数 $f(z)$ は $z=-1$ に特異点を持つから，テイラー級数 (4.9) の収束半径は，展開の中心（いまの場合は 0）からこの特異点までの距離に等しくて，

$$R = 1$$

である。□

実関数のテイラー展開とどう違う

『ピンポーン。あのー……これまでに習って知っている（実数の関数の）テイラー展開では，関数 $f(x)$ が何回微分できるかを始めに仮定して，テイラー展開していたように思うんですが……。』

——あっ，昔のことなので，すっかり忘れていました。テイラー展開と言えば，複素関数のテイラー展開だというのが染みついているものだから。では，ちょっと数学の教科書を開いて，実関数のテイラー展開のところを見てみましょう。どう書いてありますか？

『関数 $f(x)$ が n 回微分可能だとして……(4.6)と同じ形の展開の式が

$(x-a)^{n-1}$ の項まで書いてあって……。』

——その次の項は？

『その次の項 R_n は……ラグランジュの剰余とか……ちょっと複雑な式が書いてあります。』

——実は，複素関数の世界では，そういう面倒なことは全部忘れてしまってよいのです。実際，私自身も，いまの今まで忘れていたくらいですから。

『えっ，どういうことなんですか？』

——実は，あとで（第 9 章で）テイラー展開をきちんと取り上げるときによく分かるはずなのですが，複素関数 $f(z)$ は，

正則ならば，無限回微分可能

という素晴らしい性質を持っています。ですから，何回まで微分可能かをいちいち断わる必要はありません。断わる必要があるのは，1 回微分可能（正確には，正則）ということだけです。もしも 1 回微分可能ならば（正則ならば），その関数は，無限級数 (4.6) にテイラー展開できます。これは，正則な複素関数が持っている実に素朴で分かりやすい性質です。

テイラー展開は面倒くさい

『テイラー展開については，もうひとつ聞いておきたいことがあるんです。どう言ったらこの感じが分かっていただけるか……。』

——まぁ，とにかく，話してみて下さい。

『はい。テイラー展開は，1 年生のときに数学の授業で習いました。もちろん，実数の関数の場合です。でも，あのとき，テイラー展開が何の役に立つのか分かりませんでした。たぶん，将来必要なことだからというので，あのとき習ったのでしょうが，いまでも，何の役に立つのかよく分かりません。それに，あんなに微分係数を沢山計算するなんて，とても面倒です。上の例題だって，n 階微分係数まで計算して出さなければいけない。こんな面倒なものに慣れて，使えるようにならないといけないんですか？』

——これは，大切な質問です。よく分かってもらう必要があるので，ちょ

っとていねいに（言葉は少し荒っぽいかも知れないが）お答えしましょう。

テイラー展開についてどう考えるかは，このシリーズでも，どなたかが書いておられたような気がする。ただ，いまは数学の問題として取り上げているから，ちょっと別の意味合いもある。テイラー展開については，2通りの意味合いを心得ているとよい。そして，場合に応じた考え方ができるようになるとよい。そうすれば，気持ちが，いくらか楽になるだろう。

2通りとは，こういうことだ。まず，数学を《使う》という立場から考えよう。物理の問題でも何でも，すべての問題が数学を使って厳密に解けるわけではない。解けない場合には，そこであきらめてしまうということがあるかも知れないが，もしもその問題の中に何かある小さい量 z があるならば，z が小さいということをうまく利用して，何とか近似して解こうとするのが普通だ。この《近似》というのが，初年級のうちはうまく感得できない概念で——後ろめたいこと，悪いことでもするような気分で，なんとも分かりにくいのだが，いずれ学年が上がって専門の勉強に進めば，近似の必要性はいろんなところで発生するから，その重要さは身にしみて分かってくるはずだ。

近似をするときに使われるのが，テイラー展開だ。ただ，実際には，テイラー展開と言っても，z の1乗とか，せいぜい z^2 くらいまでで，それ以上の項はあまり考えない。つまり，微分係数を計算するといっても，1階か，せいぜい2階までの話だ。実際の問題に出てくる関数 $f(z)$ はちょっと複雑な関数の場合もあるけれど，1階とか2階までだったら，それほど面倒だとは思わないだろう。要するに，これは，複雑な関数 $f(z)$ をわかりやすい1次式，2次式で近似するというだけのことなのだ。

『そうですね。それくらいで済むんだったら，ずいぶん気がラクです。』
——2通りのあともう一つ。それは，いまここでやっているように，数学の問題でテイラー展開が出てくる場合だ。数学でテイラー展開を必要とする場合には，1階とか2階で打ち切ったのでは全く意味がない。物理などとは正反対で，特別の場合を除いて一般項が必要だ。なぜ必要かというと，要するに，関数の性質をきちんと押さえるにはそこまで必要だからだ。

『それだったら,ヤッパリ,n 階微分係数まで計算しなくちゃいけないんですね。』

——建前はそうだ。

『建前って……。数学にも建前と本音があるんですか？』

——おっと,口が滑ったようだ。

　本格的にテイラー展開をするとなると,たしかに,n 階微分係数までせっせと計算する必要がある。たとえば,$(1-z)^{-\frac{1}{2}}$ という関数をテイラー展開して下さいと言われたとしよう。この展開の結果は

$$(1-z)^{-\frac{1}{2}} = 1 + \frac{1}{2} \cdot \frac{z}{1!} + \frac{1}{2} \cdot \frac{3}{2} \cdot \frac{z^2}{2!} + \frac{1}{2} \cdot \frac{3}{2} \cdot \frac{5}{2} \cdot \frac{z^3}{3!} + \cdots\cdots$$

となる。あるいは,階乗とダブル階乗の記号を使って一般項を書けば,

$$(1-z)^{-\frac{1}{2}} = \sum_{n=0}^{\infty} \frac{(2n-1)!!}{2^n} \frac{z^n}{n!} \tag{4.10}$$

となる。こんなものを求めるには,n 階微分係数まで計算しなければならない。それは,事実だ。しかし,多くの場合,取り扱う関数は簡単なことが多い。たとえば,指数関数の場合だったら,(2.7)がテイラー展開になっている。これをわざわざいつでも自分で導く必要はない。自分でやるとしても,一生のあいだに1回もやれば,十分だ……確認のためにね。三角関数でも同じだ。(2.12,13)をそのまま使えばよい。

　それに加えてよく使うのが,(4.9)だ。ここでは,(4.9)をテイラー展開と称して面倒なやり方で導いたが,実は,右辺の形は等比無限級数という高校時代からおなじみのものだ。多分,そのことはもう気がついているはずと思う。初項 1,公比 $-z$ の等比級数だから,それが左辺に等しいことはすぐに分かる。とりあえず,ここでは,(4.9)を一つの公式のようなものと思って,これを上手に使って,いろいろなテイラー展開を求めてみよう。

問 4.3 次の関数 $f(z)$ を $z=a$ のまわりでテイラー展開せよ。収束半径はいくつか。

$$f(z) = \frac{1}{z-a+b} \tag{4.11}$$

解 4.3 微分係数 $f^{(n)}(a)$ を計算してもよいが，それよりも (4.9) を公式として利用する方が分かりやすい．今は $z=a$ のまわりで展開するから，$z-a$ が小さいことに着目して，分母を

$$z-a+b = b\left(1 + \frac{z-a}{b}\right)$$

と変形する．これを (4.11) に代入すると，(4.9) が使える形になっている．結局，テイラー展開の結果は，

$$f(z) = \frac{1}{b} - \frac{z-a}{b^2} + \frac{(z-a)^2}{b^3} - \frac{(z-a)^3}{b^4} + - \cdots\cdots$$

となる．この展開は $|z-a|<|b|$ のときに成り立つ．□

[演習問題 4-3] 次の関数をどれも $z=0$ のまわりでテイラー級数に展開せよ．収束半径はいくらか．

(1) $\dfrac{1}{4-z}$

(2) $\dfrac{1}{(1+z)^2}$　　ヒント：何かを微分する．

(3) $\log(1+z)$　　ヒント：何かを積分する．

(4) $\dfrac{1}{(a+z)^2}$

(5) $\dfrac{1}{2z^2+1}$

(6) $\dfrac{1}{(1+z)^3}$

[演習問題 4-4] テイラー級数 (4.10) の収束半径を，2 通りの方法により求めよ．

『ピンポーン．演習問題も終わってここまで来ると，なんだか，ベキ級数とテイラー級数が同じもののように思えてきました．』
——ベキ級数とテイラー級数とは，同じものだと言って間違いではありません．第 9 章まで進んで，もう一度テイラー展開が出てくると，その感じ

はさらに強くなるでしょう。でも，違う言葉を使うからには，それなりの違いがある。よく分かっていることだとは思いますが，その違いを，念のためにここでハッキリさせておきましょう。

　テイラー展開という場合には，何かある関数 $f(z)$ が与えられていて，それを z のベキ級数に展開する。その結果として得られるベキ級数をテイラー級数と呼びます。

　これに対して，(4.1)のような場合には，ベキ級数そのものが始めに与えられている。ベキ級数(4.1)によって定義される関数をここでは $f(z)$ と書いています。

　何かベキ級数が出てきた場合には，この2つのどちらであるかをハッキリ意識して区別する必要があります。

第5章
特異点，留数

特異点

既に第 3 章で特異点に少し触れたが，ここであらためて特異点の説明をしよう。

関数 $f(z)$ が正則でない点を，その関数の特異点という。特異点は，次のように分類できる。

(1) 面状，あるいは線状に密集した特異点たち。

(2) 1 点に孤立した特異点。

問 3.3 の関数 $|z|^2$ は，(1) のタイプの特異点を持つ。このような関数は，我々が普通に関数と呼んでいるものとは，ちょっと様子が違う。日常の言葉で多くの人が「関数」と呼んでいる関数は，(2) のような特異点を持つ。このタイプの特異点を，**孤立特異点**という。

孤立特異点の分類

孤立特異点は，さらに次のように分類される。

(1) 極

関数 $f(z)$ が $z=a$ のまわりで $\dfrac{1}{(z-a)^N}$ のように振舞うとき，

a を関数 $f(z)$ の N 位の**極**という。ただし，N は正の整数である。

(2) 真性特異点

関数 $e^{1/(z-a)}$ において，a が**真性特異点**である。指数関数の定義を用

いてこの関数を展開すれば

$$e^{1/(z-a)} = \sum_{n=0}^{\infty} \frac{1}{n!} \frac{1}{(z-a)^n} \tag{5.1}$$

となるので，∞位の極を真性特異点と考えることができる．

(3) 分岐点

関数 $\log(z-a)$ あるいは $(z-a)^b$ （ただし，$b \neq$ 整数）において，a は分岐点と呼ばれる．分岐点は，後に（第8章で）登場するので，当分のあいだは忘れていてよい．

問 5.1 関数 $f(z) = \dfrac{1}{z^2+1}$ は，どんな特異点を持つか．

解 5.1 分母を
$$z^2 + 1 = (z-i)(z+i)$$
と因数分解すると，この関数 $f(z)$ は $z=i, -i$ に1位の極を持つことが分かる．□

[演習問題 5-1] 次の関数は，複素平面上のどこにどんな特異点を持つか．

(1) z

(2) $z^{\frac{1}{2}}$

(3) $\sin \dfrac{1}{z}$

(4) $\dfrac{1}{(z+2)(z-3)}$

(5) $\dfrac{1}{(z+2)^2(z-3)}$

(6) $\dfrac{1}{z^2+2}$

(7) $\dfrac{1}{(z^2+4)^2}$

ローラン展開

関数 $f(z)$ が $z=a$ に極または真性特異点を持つ場合には，テイラー級数 (4.6) に負のベキ乗の項が加わった形

$$f(z) = \sum_{n=0}^{\infty} A_n (z-a)^n + \sum_{n=1}^{\infty} \frac{A_{-n}}{(z-a)^n} \tag{5.2}$$

第 5 章 特異点, 留数

となる。これを**ローラン**(Laurent)**展開**という。もしも $z=a$ が N 位の極ならば, 右辺の 2 番目の級数は, N 項の有限級数になる。$z=a$ が真性特異点の場合には, 無限級数である。

ローラン展開に現れる係数 A_{-1} を, とくに, **留 数**(residue)と呼ぶ。展開係数の中で A_{-1} だけがこのように特別視される理由は, すぐに明らかになる。関数 $f(z)$ の極または真性特異点 a における留数 A_{-1} を表す記号としては, $\text{Res}(f,a)$ あるいは $\text{Res}(a)$ が使われる。

級数(5.2)は, これをひとまとめにして,

$$f(z) = \sum_{n=-\infty}^{\infty} A_n(z-a)^n \qquad (5.3)$$

と書くこともできる。

テイラー展開の場合には, その係数を(4.7)に従って微分演算により求めることができた。ローラン展開の場合には, $f(z)$ が $z=a$ で正則ではないから, 微分係数 $f'(a)$ は存在しない。したがって, ローラン展開(5.3)の展開係数 A_n を求める簡便な公式は存在しない。けれども, 第 4 章で述べたようなテイラー展開の技術を知っていれば, ローラン展開を容易に実行できる。

問 5.2 関数 $f(z) = \dfrac{1}{z(1+z)}$ を極 $z=0$ のまわりでローラン展開せよ。また, 留数の値を求めよ。

解 5.2 この場合には, 公式(4.9)を使えばローラン展開が得られる。

$$f(z) = \frac{1}{z}(1 - z + z^2 - z^3 + - \cdots\cdots)$$

$$= \frac{1}{z} - 1 + z - z^2 + - \cdots\cdots$$

この関数 $f(z)$ は $z=0$ に 1 位の極を持つので, 展開の初項が z^{-1} となっている。留数の値は $\text{Res}(0)=1$ である。□

この例から分かるように, テイラー展開の技術を確実に身につけていれば, ローラン展開はむずかしくない。初めて聞く名前だからといって, 恐がることはない。

[演習問題 5-2] 次の関数をローラン展開せよ．留数の値も求めよ．

(1) $\dfrac{1}{z^2(1-2z)}$ を $z=0$ のまわりで．

(2) $\dfrac{e^z}{z-\pi i}$ を $z=\pi i$ のまわりで．

『ピンポーン．テイラー展開では収束半径というものがありましたが，ローラン展開ではどうなっているのですか？』
——さしあたり，気にする必要がないので，省略してしまいました．先の問 5.2 について言うと，(4.9) を使っているので，$|z|<1$ が必要です．テイラー展開の場合だったらこれで終りですが，今の関数 $f(z)$ は $z=0$ で正則ではありません．したがって，上のローラン展開が成り立つのは，$0<|z|<1$ を満たす z に限られます．ローラン展開の場合には，このように，一般に 2 個の不等号で z の領域が指定されるという特徴があります．

留数定理

関数 $f(z)$ が $z=a$ に極または真性特異点を持つとしよう．そのとき，$f(z)$ は (5.3) のようにローラン展開される．ここで，a のまわりを一周する経路 C に沿って $f(z)$ を積分してみよう（図 5.1）．

$$I = \oint_C f(z)\,dz \tag{5.4}$$

(5.3) を使えば，この積分は

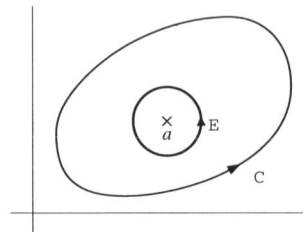

図 5.1 特異点 a のまわりを一周する積分

$$I = \sum_{n=-\infty}^{\infty} A_n \oint_C (z-a)^n \,dz \tag{5.5a}$$

と書き換えられる。コーシーの積分定理によると（正確には，正則関数の積分路変形定理によると），被積分関数が正則な領域では，積分路をどのように変形することも許される。したがって，特異点 a のまわりを一周する経路であれば，どのように積分路 C を変形しても，積分 I の値は変わらない。そこで a を中心とする半径 r の円 E に積分路を変形する。

$$I = \sum_{n=-\infty}^{\infty} A_n \oint_E (z-a)^n \,dz \tag{5.5b}$$

この円 E に沿った積分では，

$$z = a + r e^{i\theta} \tag{5.6}$$

により積分変数を z から θ に変数変換すると分かりやすい。このとき

$$dz = \frac{dz}{d\theta} d\theta = i r e^{i\theta} \,d\theta \tag{5.7}$$

となる。一周するとは，θ について $-\pi$ から π まで積分することだから

$$I = \sum_{n=-\infty}^{\infty} A_n \int_{-\pi}^{\pi} (r e^{i\theta})^n \, i r e^{i\theta} \,d\theta$$

$$= \sum_{n=-\infty}^{\infty} A_n \, r^{n+1} \, i \int_{-\pi}^{\pi} e^{i(n+1)\theta} \,d\theta \tag{5.8}$$

となる。ここで

$$\int_{-\pi}^{\pi} e^{im\theta} \,d\theta = \begin{cases} 2\pi & (m=0 \text{ のとき}) \\ 0 & (m \neq 0 \text{ のとき}) \end{cases} \tag{5.9}$$

という公式を利用すれば，(5.8) で $n=-1$ の項だけが残って，

$$I = 2\pi i A_{-1} = 2\pi i \times 留数 \tag{5.10}$$

という結果が得られる。つまり，留数を含む項だけが残って，他の項はすべて消える。留数という名前は，これに由来する。

(5.10) は，閉曲線 C の内部に 1 個の特異点 a がある場合の結果だが，いくつもの特異点が内部にある場合は，それらの特異点の留数をすべて足し合わせればよい。このことから，一般に，次の定理が成り立つ。

$$\oint_C f(z)\,dz = 2\pi i \sum (\text{閉曲線 C の内部での } f(z) \text{ の留数}) \quad (5.11)$$

これを，**留数定理**という。この定理を使うと，積分の計算をスムーズに実行できる。

なお，(5.11)では，左回り（反時計回り）の積分路Cを仮定している。もしも積分路Cが右回り（時計回り）ならば，(5.11)の右辺に負号がつく。なぜなら，(5.8)式の θ についての積分が $-\pi$ から π までだったのが，π から $-\pi$ までとなるからである。

(5.9)式の証明

(5.9)は，任意の整数 m について成り立つ。簡単な式であるが，留数定理を成立させるキーの役割を果たしているので，念のために，その証明をここに書いておこう。

まず，$m=0$ の場合には，被積分関数が1であるから，積分の結果が 2π であることはすぐに分かる。

次に $m \neq 0$ の場合を考える。オイラーの公式をすぐに使ってもよいが，指数関数をそのまま積分する方が分かりやすい。

$$\int_{-\pi}^{\pi} e^{im\theta}\,d\theta = \left[\frac{1}{im}e^{im\theta}\right]_{-\pi}^{\pi} = \frac{e^{im\pi} - e^{-im\pi}}{im} = \frac{2\sin m\pi}{m}$$

この最後のところで，オイラーの公式を使った。整数の m については $\sin m\pi = 0$ であるから，結局，この積分の値は0である。こうして，(5.9)が証明された。

留数定理の感想

『ピンポーン。留数定理というのは，ちょっと魔法のような感じがしますね。』

——どうしてですか？

『だって，関数 $f(z)$ がどんなに複雑な関数であっても，ぐるっと一回りまわって積分すると，ほとんど全部きれいに消えてしまって，「マイナス

1乗」の項だけが残る……。これには，何か深い意味があるのですか？』
——うーむ。たしかに，(5.9)式は，フーリエ級数でもキーの役割をする大事な公式だが。でも，それ以上にとくに深ぁーいわけがあるとも思えません。ただ，こういうことがあるので，「マイナス1乗」という関数は，複素関数論の中で重要な関数だと言えるでしょう。

留数を求める

積分路Cが閉曲線の場合には，積分の計算に留数定理(5.11)が威力を発揮する。そして，そのおかげで，次章に示すように，種々の定積分を手際よく計算することが可能になる。ただし，そのためには，留数を確実に計算できる技術が必要である。留数を求めるには，基本的には，与えられた関数$f(z)$を(5.2)のように展開して，$\dfrac{1}{z-a}$の係数A_{-1}を求めればよい。

ここでは，3つの代表的な場合について，留数の計算方法を述べる。これだけでも，実用上多くの場合がカバーされる。これ以上複雑な場合については，何かの公式に頼って求めようとするのではなく，上に述べた基本に戻って考えれば，いつでも留数を求めることができる。

[A]　$f(z) = \dfrac{F(z)}{z-a}$ のとき。

これは，最も簡単な場合である。分子を$z=a$のまわりでテイラー展開

$$F(z) = F(a) + F'(a)(z-a) + \frac{F''(a)}{2!}(z-a)^2 + \cdots \cdots \quad (5.12)$$

すれば明らかなように，留数A_{-1}は

$$\mathrm{Res}(a) = A_{-1} = F(a) \quad (5.13)$$

により与えられる。

[B]　$f(z) = \dfrac{F(z)}{(z-a)^2}$ のとき。

この場合の留数A_{-1}は

$$\mathrm{Res}(a) = A_{-1} = F'(a) \quad (5.14)$$

である．別段，この式を暗記する必要はない．そのつど，「分子の関数 $F(z)$ を $z=a$ のまわりで (5.12) のようにテイラー展開すると A_{-1} はどうなるだろうか」と考えればよい．何でも暗記しようとするのは，かえって留数というものの理解を妨げる．《分かっている》ことが大切なのである．

[C] $f(z) = \dfrac{G(z)}{F(z)}$ であって，$F(a)=0$，$F'(a) \neq 0$ のとき．

この場合の留数は

$$\mathrm{Res}(a) = A_{-1} = \frac{G(a)}{F'(a)} \tag{5.15}$$

である．これも，暗記する必要はない．「テイラー展開 (5.12) を分母に対して行うとどうなるか」と考えればよい．実際，(5.12) を使うと，上の関数 $f(z)$ は，$F(a)=0$ に注意して，

$$f(z) = \frac{1}{z-a} \frac{G(z)}{F'(a) + \dfrac{1}{2}(z-a)F''(a) + \cdots\cdots}$$

となる．この形は，はじめに述べた [A] のタイプである．これから，留数が (5.15) であることが分かる．

問 5.3 次の関数の極と留数を求めよ．

$$f(z) = \frac{1}{z^2+1}$$

解 5.3

留数を求める前に，まず，極を求める必要がある．いまの場合には，$z^2+1=0$ の解 $z=\pm i$ が極である．

次に，留数の計算に進もう．いまの場合は，3通りの方法がある．最初の計算例なので，その3通りを順に示そう．

① 与えられた関数を因数分解して，$\dfrac{1}{(z+i)(z-i)}$ と書けば，これは，[A] のタイプになっている．したがって，留数の値は

$$\mathrm{Res}(i) = \frac{1}{2i}, \quad \mathrm{Res}(-i) = -\frac{1}{2i}$$

である．なお，分母に残っている i を清算したい気持ちに駆られるだろう

が，留数定理(5.11)で$2\pi i$が掛かるから，そのことを見越して，清算せずに，このままにしておくのがよい．

② 一方，この$f(z)$は，タイプ[C]でもある．すなわち，[C]で
$$G(z)=1$$
$$F(z)=z^2+1$$
とおいたものになっている．$F'(z)=2z$であるから，留数の値は
$$\text{Res}(i) = \frac{G(i)}{F'(i)} = \frac{1}{2i}$$
となる．$\text{Res}(-i)$も，同様にして求められる．

③ さらに，この関数$f(z)$は，
$$f(z) = \frac{1}{z^2+1} = \frac{1}{2i}\left(\frac{1}{z-i} - \frac{1}{z+i}\right)$$
と部分分数に分解することができる．このように分解すれば，留数の値は自明である．

[演習問題 5-3] 次の関数の特異点と留数を求めよ．bは正の数である．

(1) $\dfrac{(z^2+1)^2}{z^3}$

(2) $\dfrac{e^{bz}}{z-i}$

(3) $\dfrac{z+1}{z(z-2)}$

(4) $\dfrac{1}{(3z+1)(z+3)}$

(5) $\dfrac{\cos bz}{(z+1)^2}$

(6) $\dfrac{1}{(z-1)^2(z+2)}$

(7) $\dfrac{2}{z^2+b^2}$

(8) $\dfrac{1}{z^3-i}$

(9) $\tan z$

(10) $\dfrac{1}{z^4+1}$

(11) $\dfrac{1}{e^z+1}$

(12) $\dfrac{1}{(z^2+4)^2}$

(13) $z^2 e^{1/z}$

(14) $\dfrac{1}{4z^2+1}$

『ピンポーン。演習問題5-3を考えてみました。』

——それで？

『答を見ながら，何とか最後までやってみました。自分の答がなぜ間違いなんだろうと考えたりしながら……。それで，問題(8)と(10)で，極を求めるところをどう考えたらいいのかと思って……。何か分かりやすいやり方はないでしょうか？』

——つまり，

$$z^3 = i \tag{5.16}$$

とか

$$z^4 = -1 \tag{5.17}$$

を満たす複素数を手際よく全部数え上げるにはどうするか，ということですね？

『はい，そうです。答を見れば，これが極だということは分かるのですが。』

——たしかに，複素数に慣れないうちは，こういうところでとまどうようですね。こんなふうに考えてみては，どうですか。

(5.16)の場合には，iを極形式で書くと$e^{i\frac{\pi}{2}}$となる。今は3個の根全部を求めたいので，その後に$e^{2n\pi i}$を付け足して，(5.16)を

$$z^3 = e^{i\frac{\pi}{2}} e^{2n\pi i}$$

と書く。これから

$$z = e^{i\frac{\pi}{6}} e^{2n\pi i/3}$$

が得られる。整数nとして，適当な3個の値(たとえば，$n=0,1,-1$)を与えれば，(5.16)を満たす3個の複素数が得られる。これが普通のやり方だが，偏角の感じがよくつかめているならば，次のように，図に頼るやり方もある。

zは$i = e^{i\frac{\pi}{2}}$の$\frac{1}{3}$乗だから，まず

$$z_1 = e^{i\frac{\pi}{6}}$$

が(5.16)の解であることは分かる。そうしたら，それを複素平面の図に書き込む。あとは，等間隔になるように，ほかの2つの点z_2, z_3を単位円上

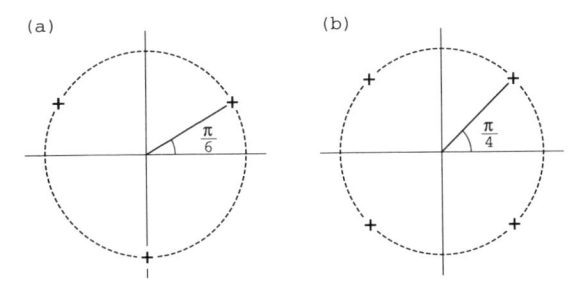

図 5.2 (a) $z^3 = i$ の根, (b) $z^4 = -1$ の根

に書き込む.その結果は,図 5.2(a) のようになるだろう.この図から z_2, z_3 の偏角を読み取って,
$$z_2 = e^{i\frac{5\pi}{6}}, \quad z_3 = e^{-i\frac{\pi}{2}} = -i$$
が得られる.

——では,ひとつ,(5.17) の場合をこうやって考えてみて下さい.

『えーっと,-1 は $e^{\pi i}$ だから,その $\dfrac{1}{4}$ 乗で,まずは
$$z_1 = e^{i\frac{\pi}{4}}$$
っと.これを複素平面の図に書き込んで,偏角が $\dfrac{\pi}{4}$ だから…….それでほかの 3 個の点もここと,ここ.図 5.2(b) のようになりました.これでいいんですか?』

——はい.あとは,その 3 個の偏角の値を,図から読み取って下さい.

第6章
応用．定積分の計算

これまでに学んだことを組み合せると，種々の定積分を計算できる．これは，複素関数の理論を学んだことの実際的効用として，よく知られている．以下，いくつかの代表的な場合に分類して説明しよう．

三角関数を含む定積分

最初に取り上げるのは，三角関数 $\sin\theta$, $\cos\theta$ の有理関数（分数式の形をした関数）の定積分である．一般的な議論をするよりも，具体例について考えていこう．

問 6.1 定積分
$$I = \int_0^{2\pi} \frac{d\theta}{5+4\cos\theta} \tag{6.1}$$
を求めよ．

解 6.1 このタイプの積分では，オイラーの公式を逆向きに使う．すなわち，絶対値 1 の複素数 z を導入して，
$$z = e^{i\theta} \tag{6.2}$$
とおく．こうすると，積分 (6.1) の積分変数 θ が 0 から 2π まで動くとき，(6.2) の複素数 z は単位円 E の上を一周する（図 6.1）．

z の微分 dz は
$$dz = \frac{dz}{d\theta}\,d\theta = i\,e^{i\theta}\,d\theta \tag{6.3}$$

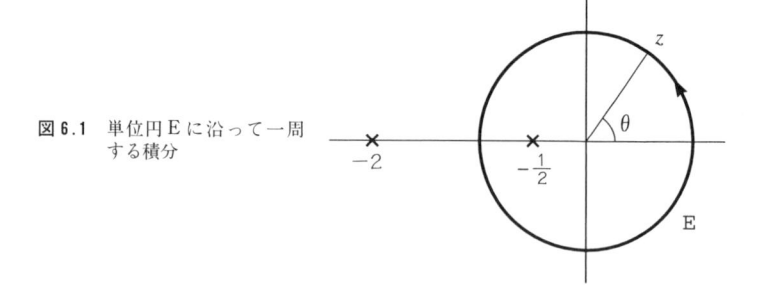

図 6.1 単位円 E に沿って一周する積分

となるから，逆に $d\theta$ を

$$d\theta = \frac{1}{iz} dz \tag{6.4}$$

と表すことができる．また，$\cos\theta$ は，オイラーの公式により

$$\cos\theta = \frac{1}{2}(e^{i\theta} + e^{-i\theta}) = \frac{1}{2}\left(z + \frac{1}{z}\right) \tag{6.5}$$

と置き換えられる．こうして，求める積分 I は，複素数 z に関する単位円上の積分

$$\begin{aligned} I &= \oint_E \frac{1}{5+2(z+z^{-1})} \frac{1}{iz} dz \\ &= \oint_E \frac{1}{i(2z+1)(z+2)} dz \end{aligned} \tag{6.6}$$

に変形される．ここで，留数定理の出番である．(6.6) の被積分関数は，$z=-1/2$ と $z=-2$ に 1 位の極を持つ．積分に利くのは，このうち，積分路 E の内部にある極 $z=-1/2$ だけであるから，留数定理 (5.11) により，

$$I = 2\pi i \operatorname{Res}\left(-\frac{1}{2}\right) \tag{6.7}$$

となる．留数の計算は，前章で学んだ．今の場合は，タイプ [A] に当たるから，求める留数は，

$$\operatorname{Res}\left(-\frac{1}{2}\right) = \frac{1}{i2\left(-\frac{1}{2}+2\right)} = \frac{1}{3i} \tag{6.8}$$

である．これを (6.7) に使って，

$$I = \frac{2\pi}{3} \tag{6.9}$$

という結果が得られる。□

[演習問題 6-1] 以下の定積分を計算せよ。

(1) $\displaystyle\int_0^{2\pi} \cos^2 x \, \mathrm{d}x = \pi$

(2) $\displaystyle\int_0^{2\pi} \frac{\mathrm{d}x}{10-6\cos x} = \frac{\pi}{4}$

(3) $\displaystyle\int_0^{2\pi} \frac{\cos x}{5-4\cos x} \, \mathrm{d}x = \frac{\pi}{3}$

(4) $\displaystyle\int_0^{2\pi} \frac{\mathrm{d}x}{a+\cos x} = \frac{2\pi}{\sqrt{a^2-1}} \quad (a>1)$

有理関数の定積分

二番目に取り上げるのは,

$$I = \int_{-\infty}^{\infty} f(x) \, \mathrm{d}x \tag{6.10}$$

という型の積分である。ここで,被積分関数 $f(x)$ は x の有理関数であって,これを複素数 z の関数 $f(z)$ と見たときに

$$z \to \infty \text{ のとき } f(z) \text{ は } 1/z \text{ より速く } 0 \text{ に近づく} \tag{6.11}$$

という条件を満たすものとする。ただし,この条件は,積分 (6.10) が発散しないための条件でもあるから,とくに気に掛ける必要はない。

ここでは,例として

$$f(z) = \frac{1}{z^2+a^2} \quad (\text{ただし},\ a>0)$$

の場合について,積分の計算を問題の形で示そう。

問 6.2 定積分

$$I = \int_{-\infty}^{\infty} \frac{1}{x^2+a^2} \, \mathrm{d}x \quad (a>0) \tag{6.12}$$

を求めよ。

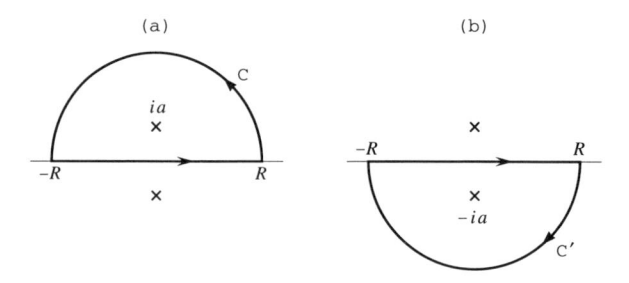

図 6.2 積分(6.12)を求めるための積分路

解 6.2 とにもかくにも，留数定理を使える形に持ち込まないことには話にならないので，どんな場合でも，《閉曲線》に沿った積分路Cを考える必要がある．これは，すべての場合に共通している．

ところで今の場合には，(6.12)の積分路は，実軸上に限られていて，閉じていない．そこで，複素上半面に半径Rの大きな半円を補って描き，図 6.2(a)の積分路Cを考える．この閉じた積分路Cは，実軸上の $-R$ から R までの直線部分と半径 R の半円とから成るので，Cを一周する積分は

$$\oint_C \frac{dz}{z^2+a^2} = \int_{-R}^{R} \frac{dx}{x^2+a^2} + \int_{\text{半円}} \frac{dz}{z^2+a^2} \tag{6.13}$$

と分けられる．この(6.13)の左辺と右辺をそれぞれ計算することにより，(6.12)の積分 I が求められる．

左辺は，留数定理により計算できる．いま考えている関数 $f(z)$ は，図 6.2(a)に示すように，$\pm ia$ に1位の極を持つ．積分路Cの内側にある極は ia だから，

$$(6.13)\text{の左辺} = 2\pi i \, \text{Res}(ia) = 2\pi i \frac{1}{2ia} \tag{6.14}$$

となる．

一方，(6.13)の右辺第1項は，$R \to \infty$ の極限で，求める積分 I に等しい．また，(6.13)の右辺第2項は，$R \to \infty$ の極限で0になる．なぜなら，半円の上では

$$z = R\,e^{i\theta} \tag{6.15}$$

とおくことができ，
$$dz = Rie^{i\theta}d\theta \tag{6.16}$$
を使うと，
$$\int_{半円}\frac{dz}{z^2+a^2} = \int_0^\pi \frac{Rie^{i\theta}d\theta}{R^2e^{2i\theta}+a^2} \tag{6.17}$$
となる。ここで $R\to\infty$ の極限を取れば，右辺の被積分関数は $ie^{-i\theta}/R$ に従って 0 に近づいていく。以上のことから，(6.13)より
$$I = \frac{\pi}{a} \tag{6.18}$$
が得られる。□

積分路の選択

『ピンポーン。積分路について質問です。』

——どんなことでしょう。

『留数定理を使うために積分路が閉じていなければいけない，ということは分かります。でも，それだったら，上に円を描いても下に円を描いてもどちらでもいいように思います。図6.2(a)のように上側にぐるっと回すのは，何か理由があるのですか？』

——図6.2(b)のように，複素平面の下半面にぐるっと回してもよいはずだ，という質問ですか？

『はい，そうです。』

——今の場合には，図6.2(a)でも図6.2(b)でも，どちらでもよいのです。では，図6.2(b)のように積分路を取って，計算してみましょう。

問6.3 図6.2(b)の積分路 C' を考えることにより，定積分(6.12)を求めよ。

解6.3 計算は問6.2とほとんど同じなので，どこがどう違ってくるかを説明しよう。下半面の経路 C' を取っても，(6.13)と同様の式が成り立つ。ただし，

① 積分路 C' は，普通とは逆回り（時計回り）である。留数定理のところで注意したように（78ページ），時計回りの積分路に留数定理を使う

と，負号がつく．

② 図 6.2(b) から分かるように，こんどは，C' の内部の極 $-ia$ が利いてくる．

これ以外は，上の計算と同じである．こうして，求める積分は，

$$I = -2\pi i \operatorname{Res}(-ia) = -2\pi i \frac{1}{-2ia} \tag{6.19}$$

となって，当然のことながら，同じ結果が得られる．□

[演習問題 6-2] 以下の定積分を計算せよ．ただし，$a>0$ である．

(1) $\displaystyle\int_{-\infty}^{\infty} \frac{dx}{x^2+x+1} = \frac{2\pi}{\sqrt{3}}$

(2) $\displaystyle\int_{-\infty}^{\infty} \frac{dx}{(x^2+1)(x^2+9)} = \frac{\pi}{12}$

(3) $\displaystyle\int_{-\infty}^{\infty} \frac{dx}{(x^2+a^2)^2} = \frac{\pi}{2a^3}$ ［2 位の極］

(4) $\displaystyle\int_{-\infty}^{\infty} \frac{dx}{x^3-i} = \frac{2\pi}{3}i$ ［上半面/下半面？］

(5) $\displaystyle\int_{-\infty}^{\infty} \frac{dx}{x^2-ia^2} = \frac{\pi}{a} e^{\pi i/4}$

(6) $\displaystyle\int_{-\infty}^{\infty} \frac{x^2}{x^4+a^4} dx = \frac{\pi}{\sqrt{2}a}$ ［$z_1 = ae^{\pi i/4}, z_2 = ae^{3\pi i/4}$］

(7) $\displaystyle\int_{-\infty}^{\infty} \frac{1}{x^4+a^4} dx = \frac{\pi}{\sqrt{2}a^3}$

フーリエ変換型の定積分

一般に，積分

$$I = \int_{-\infty}^{\infty} f(x) e^{ikx} dx \tag{6.20}$$

を関数 $f(x)$ のフーリエ変換という．また，この形の積分をフーリエ積分と呼ぶ．ここで，k は実数である．このタイプの積分も，留数定理を用いて計算できる．関数 $f(x)$ には，複素数 z の関数 $f(z)$ として見たときに

$$z \to \infty \text{ のとき } f(z) \to 0 \tag{6.21}$$

という条件がつく。ただし，この条件は，積分 (6.20) が発散しないための条件でもあるから，とくに気に掛ける必要はない。

ここでも，例として

$$f(z) = \frac{1}{z^2 + a^2} \quad (\text{ただし，} a > 0)$$

の場合について，積分の計算を問題の形で示そう。

問 6.4 定積分

$$I = \int_{-\infty}^{\infty} \frac{e^{ikx}}{x^2 + a^2} dx \quad (a > 0, k \text{ は実数}) \tag{6.22}$$

を求めよ。

解 6.4 さきほどと同様に，図 6.2(a) の積分路 C を取る。このとき，(6.13) と同様に

$$\oint_C \frac{e^{ikz}}{z^2 + a^2} dz = \int_{-R}^{R} \frac{e^{ikx}}{x^2 + a^2} dx + \int_{半円} \frac{e^{ikz}}{z^2 + a^2} dz \tag{6.23}$$

が成り立つ。左辺は留数定理を使って計算できるのだが，その前に，右辺の方を調べよう。

右辺第 1 項は，$R \to \infty$ の極限で (6.22) の積分 I に等しい。右辺第 2 項は，半径 R の大きな半円上の積分である。$R \to \infty$ の極限でこれが消えてくれれば，問題ない。それを調べよう。さきほどと同様に変数変換 (6.15) を行うと，半円上の積分は

$$\int_{半円} \frac{e^{ikz}}{z^2 + a^2} dz = \int_0^{\pi} \frac{e^{ikR\cos\theta} e^{-kR\sin\theta}}{R^2 e^{2i\theta} + a^2} R i e^{i\theta} d\theta$$

となる。この被積分関数の中で，$e^{-kR\sin\theta}$ という因子の振舞いが問題である。いまは上半面での積分を考えているから $0 < \theta < \pi$ であり，したがって $\sin\theta > 0$ であるから (z の虚部が正であるから) もしも

$$k > 0$$

であれば，

$$R \to \infty \text{ の極限で } e^{-kR\sin\theta} \to 0$$

となる。そのほかの因子，たとえば $e^{ikR\cos\theta}$ は

$$|\mathrm{e}^{ikR\cos\theta}|=1$$

であるから[演習問題 2-14],問題にする必要がない。結局,$k>0$ の場合には,$R\to\infty$ の極限で,半円上の積分が 0 になる。

こうして,

$$I = 2\pi i\,\mathrm{Res}(ia) = 2\pi i\,\frac{\mathrm{e}^{-ka}}{2ia} = \frac{\pi}{a}\mathrm{e}^{-ka} \quad (k>0\text{ のとき})$$

という結果が得られる。

以上は,$k>0$ の場合である。もしも $k<0$ ならば,上の議論から分かるように,上半面に積分路を取ると,半円上の積分が 0 にならない。しかし,図 6.2(b) のように下半面にぐるっと回せば,今度は $\sin\theta<0$ なので,半円上の積分が $R\to\infty$ の極限で 0 になる。したがって,留数定理により

$$I = -2\pi i\,\mathrm{Res}(-ia) = -2\pi i\,\frac{\mathrm{e}^{ka}}{-2ia} = \frac{\pi}{a}\mathrm{e}^{ka} \quad (k<0\text{ のとき})$$

が得られる。この 2 つの結果をひとまとめにして,

$$I = \frac{\pi}{a}\mathrm{e}^{-|k|a} \tag{6.24}$$

と書くことができる。□

上の計算を前節の積分と比べてみると,前回は,積分路を上半面にぐるっと回しても下半面に回しても同じ結果が得られた。しかし,フーリエ変換型の積分の場合には,k の符号によって,どちらの積分路を選択すべきかが自動的に決まる。この点が《大きな違い》であって,注意を要する。複素積分の計算は,留数定理を利用するので,「公式をあてはめる計算」という傾向が強い。しかし,上のような違いがなぜ生じるかを理解して計算を進めることも,大切である。

[演習問題 6-3] 以下の定積分を計算せよ。ただし,$a>0$,k は実数である。

(1) $\displaystyle\int_{-\infty}^{\infty}\frac{\mathrm{e}^{ikx}}{x-ia}\,\mathrm{d}x = \begin{cases} 2\pi i\,\mathrm{e}^{-ka} & (k>0\text{ のとき}) \\ 0 & (k<0\text{ のとき}) \end{cases}$

(2) $\displaystyle\int_{-\infty}^{\infty}\frac{\mathrm{e}^{ikx}}{x+ia}\,\mathrm{d}x = \begin{cases} 0 & (k>0\text{ のとき}) \\ -2\pi i\,\mathrm{e}^{ka} & (k<0\text{ のとき}) \end{cases}$

第6章 応用．定積分の計算

(3) $\displaystyle\int_{-\infty}^{\infty} \frac{x\,e^{ikx}}{x^2+a^2}\,dx = \begin{cases} \pi i\,e^{-ka} & (k>0\text{ のとき}) \\ -\pi i\,e^{ka} & (k<0\text{ のとき}) \end{cases}$

(4) $\displaystyle\int_{-\infty}^{\infty} \frac{x\,e^{ikx}}{(x^2+a^2)^2}\,dx = \pi i\frac{k}{2a}\,e^{-|k|a}$

(5) $\displaystyle\int_{-\infty}^{\infty} \frac{\cos kx}{x^2+a^2}\,dx = \frac{\pi}{a}\,e^{-|k|a}$

(6) $\displaystyle\int_{-\infty}^{\infty} \frac{x\sin kx}{x^2+a^2}\,dx = \pi\,e^{-ka} \quad (k>0)$

『ピンポーン。「フーリエ変換」という言葉の使い方が分からないのですが……。日本語でふつう「変換」と言えば，「変換すること」という意味の名詞だと思います。でも(6.20)のような積分のこともフーリエ変換と呼ぶようだし……。「フーリエ変換」ってどっちの意味で使うのでしょうか？』

——あぁ，言葉の使い方が一定していないのはおかしいということですか？

『はい，そうです。』

——実は，両方とも「フーリエ変換」と呼ぶのです。「フーリエ変換すること」も「フーリエ変換の結果得られた積分(6.20)」も，どちらも「フーリエ変換」と呼んでいます。紛らわしいかもしれませんが……。

ひとまず卒業

ここまでで，まえがきに書いた目標をひとまず達成した。このあとのコースは3通りある。

(1) 本書をここでひとまず読了とする ……… お疲れさまでした。
(2) 定積分の計算をもっとやってみたい …… $\boxed{7}$ $\boxed{8}$ へどうぞ。
(3) 複素関数論の流れをさらに追いたい …… $\boxed{9}$ 以降へどうぞ。

第7章
主値積分

主値積分

はじめにごく簡単な積分の例を示すことにより，主値積分とはどんなものかを説明しよう．区間$[-A, B]$での積分

$$I = \int_{-A}^{B} \frac{1}{x} dx \tag{7.1}$$

を考える．ここで，A, B はどちらも正の数である．数学を応用のために使う人は，積分を見るとすぐに計算しようという気持ちがはたらくが，その前に，その積分がきちんと定義されているかどうかが問題である．いまの場合には，積分区間内の点 $x=0$ で被積分関数が無限大になるから，上の積分は，普通の意味では定義されていない．

被積分関数が無限大になる場合には，極限操作により積分を定義する．これが，**広義積分**と呼ばれるものである．上の積分(7.1)の場合には，図7.1(a)に示すように，0を挟む微小区間$[-\varepsilon_1, \varepsilon_2]$を除外して積分を計算し，その後で $\varepsilon_1, \varepsilon_2 \to 0$ の2重極限をとる．この広義積分を式で表すと，

$$I = \lim_{\varepsilon_1, \varepsilon_2 \to 0} \left(\int_{-A}^{-\varepsilon_1} \frac{1}{x} dx + \int_{\varepsilon_2}^{B} \frac{1}{x} dx \right) \tag{7.2}$$

となる．もしも，この2重極限値が存在すれば，広義積分が意味をもつ．(7.2)を計算するのは簡単で，その結果は，

$$I = \lim_{\varepsilon_1, \varepsilon_2 \to 0} \log \frac{B \varepsilon_1}{A \varepsilon_2} \tag{7.3}$$

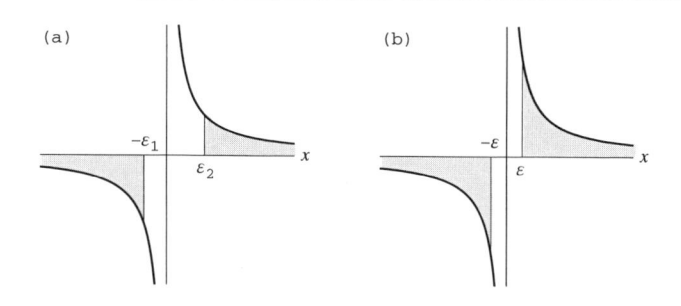

図7.1　(a)広義積分，(b)主値積分

となる．広義積分(7.2)が意味をもつためには，ε_1 と ε_2 を独立に 0 に近づけたときに，その結果が確定値を取る必要がある．しかし，(7.3)はこの条件を満たさない．したがって，はじめに示した積分(7.1)は，広義積分としても意味をもたない．

しかしながら，(7.3)において，もしも

$$\varepsilon_1 = \varepsilon_2 \tag{7.4}$$

という条件をつけて極限を取ることにすれば，極限値(7.3)は，確定値 $\log(B/A)$ を持つ．(7.4)の条件をつけることにより意味を持たせた積分を，**主値積分**あるいは**積分の主値**と呼ぶ．すなわち，主値積分では，図7.1(b)に示すように，区間$[-\varepsilon, \varepsilon]$を除外して積分を計算し，その後で $\varepsilon \to 0$ の極限を取る．

上の例では，被積分関数が $1/x$ という簡単なものであったが，一般に，主値積分は

$$\lim_{\varepsilon \to 0} \left(\int_{-\infty}^{a-\varepsilon} \frac{f(x)}{x-a} dx + \int_{a+\varepsilon}^{\infty} \frac{f(x)}{x-a} dx \right) \tag{7.5}$$

という形に表される．ここで，a は実数である．この意味での積分の主値(principal value)を表す記号として，積分記号の前に P と書いて，

$$\mathrm{P} \int_{-\infty}^{\infty} \frac{f(x)}{x-a} dx \tag{7.6}$$

という記法を採用する．

第 7 章 主値積分

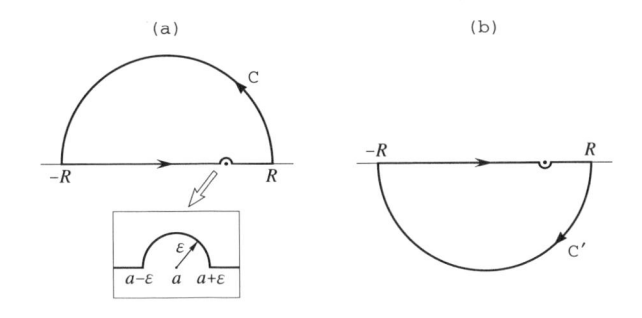

図 7.2 主値積分を求めるための積分路

主値積分を求める

このような主値積分 (7.6) も，留数定理を用いて計算することができる。前章では具体例に即して説明したが，ここでは，一般の場合 (7.6) について，複素積分を利用した計算法を説明しよう。

これまでと同様に，上半面に半径 R の大きな半円を描いて，積分路を閉じさせる。ところで，主値積分の問題では，実軸上の点 a に極があるので，ここに積分路が衝突しないように迂回させる必要がある。そこで，図 7.2(a) に示すように，a のまわりに半径 ε の小さな半円を描いて，a を避けるように積分路 C をとる。

留数定理により，閉曲線 C に沿った積分は，

$$\oint_C \frac{f(z)}{z-a} dz = 2\pi i \sum \left(\frac{f(z)}{z-a} \text{の上半面での留数}\right) \tag{7.7}$$

に等しい。一方，この左辺の積分は，

$$(7.7) \text{の左辺} = I_{\text{直線}} + I_{\text{大半円}} + I_{\text{小半円}} \tag{7.8}$$

と分解される。直線部の積分

$$I_{\text{直線}} = \int_{-R}^{a-\varepsilon} \frac{f(x)}{x-a} dx + \int_{a+\varepsilon}^{R} \frac{f(x)}{x-a} dx$$

は，$R \to \infty$，$\varepsilon \to 0$ の極限で，求める主値積分 (7.5) に等しい。

次に，大きな半円上の積分 $I_{\text{大半円}}$ については，半径 R を無限大にした極限で，

$$R \to \infty \text{ のとき } I_{\text{大半円}} \to 0 \tag{7.9}$$

となるものと仮定する（このことは，いちいちの場合について確認する必要がある）．最後に，小半円上の積分 $I_{小半円}$ は，
$$z = a + \varepsilon e^{i\theta} \tag{7.10}$$
とおくことにより，θ についての積分に置き換えられる．a のまわりの偏角 θ が π から 0 まで減少することに注意すれば，
$$I_{小半円} = \int_\pi^0 \frac{f(a+\varepsilon e^{i\theta})}{\varepsilon e^{i\theta}} i\,\varepsilon e^{i\theta}\,d\theta \tag{7.11}$$
となるので，$\varepsilon \to 0$ の極限で
$$I_{小半円} = -\pi i f(a) \tag{7.12}$$
が得られる．

以上の結果，積分路が上半面の場合には，求める主値積分 (7.6) は
$$I = \pi i f(a) + 2\pi i \sum \left(\frac{f(z)}{z-a} \text{の上半面での留数}\right) \tag{7.13}$$
により与えられる．

ここでは，積分路を上半面にとった場合を説明したが，フーリエ変換型の積分の場合には，下半面にぐるっと回す必要も生じる．その場合の積分路は図 7.2(b) のようになり，上と同様の計算によって
$$I = -\pi i f(a) - 2\pi i \sum \left(\frac{f(z)}{z-a} \text{の下半面での留数}\right) \tag{7.14}$$
が得られる．ここで，第 1 項に負号がつくのは，(7.11) のときとは違って，θ が π から 2π まで（あるいは $-\pi$ から 0 まで）増加するからである．また，第 2 項に負号がつくのは，時計回りの経路のためである．

問 7.1 $k>0$ であるとして，主値積分
$$I = \mathrm{P} \int_{-\infty}^{\infty} \frac{e^{ikx}}{x-a}\,dx \tag{7.15}$$
を求めよ．

解 7.1 $k>0$ のフーリエ変換型積分であるから，上半面に積分路を選ぶ．大きな半円に沿った積分は，問 6.4 のときと同様にして，0 になる．図 7.2(a) の積分路 C の内部で，(7.15) の被積分関数は特異点を持たない．このため，コーシーの積分定理 (53 ページ) により，(7.13) 式の後

の項は 0 である。したがって，
$$I = \pi i\, e^{ika} \tag{7.16}$$
が，求める答である。□

[演習問題 7-1] 以下の積分を計算せよ。ただし $b>0$ である。

(1) $\displaystyle \mathrm{P}\int_{-\infty}^{\infty} \frac{e^{ikx}}{x-a}\,\mathrm{d}x = -\pi i\, e^{ika}$ （$k<0$ のとき）

(2) $\displaystyle \mathrm{P}\int_{-\infty}^{\infty} \frac{e^{ix}}{x}\,\mathrm{d}x = \pi i$

(3) $\displaystyle \int_{-\infty}^{\infty} \frac{\sin x}{x}\,\mathrm{d}x = \pi$

(4) $\displaystyle \mathrm{P}\int_{-\infty}^{\infty} \frac{1}{(x-a)(x+bi)}\,\mathrm{d}x = \frac{\pi i}{a+bi}$

(5) $\displaystyle \mathrm{P}\int_{-\infty}^{\infty} \frac{1}{(x-a)(x^2+b^2)}\,\mathrm{d}x = -\frac{\pi a}{(a^2+b^2)\,b}$

(6) $\displaystyle \mathrm{P}\int_{-\infty}^{\infty} \frac{\cos kx}{a^2-x^2}\,\mathrm{d}x = \frac{\pi}{a}\sin(|k|a)$

(7) $\displaystyle \mathrm{P}\int_{-\infty}^{\infty} \frac{x\sin kx}{x^2-a^2}\,\mathrm{d}x = \pi \cos ka$ （$k>0$）

(8) $\displaystyle \int_{-\infty}^{\infty} \frac{\sin^2 x}{x^2}\,\mathrm{d}x = \pi$　　ヒント：$2\sin^2 x = \mathrm{Re}(1-e^{2ix})$

第8章
分岐点をもつ関数

分岐点

 これまで特異点としては，主として極を取り上げてきた。しかし，極のほかに，分岐点という名前の特異点が存在する。分岐点を特異点としてもつ関数は，ベキ乗関数 z^b（$b \neq$ 整数）および対数関数 $\log z$ である。この2つの関数は，$z=0$ のまわりで偏角を 2π だけ変化させたときに（複素平面上でぐるっと一回りさせたときに）関数値がもとの値に戻らないという特徴をもつ。このような点（いまの場合は $z=0$）をその関数の**分岐点**という。

 ベキ乗関数
$$w = z^b \quad (b \neq \text{整数}) \tag{8.1}$$
を例として考えよう。単位円の上に複素数 z をとって極形式
$$z = e^{i\theta} \tag{8.2}$$
で表し，偏角 θ を 0 から少しずつ増していく。このとき z と w は

θ	0	$\to$	θ	$\to$	2π
z	1	$\to$	$e^{i\theta}$	$\to$	$e^{i2\pi}=1$
w	1	$\to$	$e^{ib\theta}$	$\to$	$e^{i2\pi b}$

この表のように変化する。一周して $\theta=2\pi$ になると，z は始めの点に戻る。一方 w は，もしも $b=n$（整数）ならば $e^{i2\pi n}=1$ だから，始めの値に

戻る。これまで考えてきたのは，このように，始めの値に戻る場合だけであった。ところが，$b \neq$ 整数ならば，$\theta = 2\pi$ になっても w は始めの値に戻らない。つまり，一つの複素数 z に対して複数個の関数値 w が存在する。このような関数は，**多価関数**と呼ばれる。

多価関数への対処法

多価関数というのは，扱いにくい。きちんとした数学的取扱いができるのは，1価関数だけである。そこで，どうするかという問題が発生する。それには，次のような2通りの対処の仕方がある。ただし，その両方をここで説明すると混乱が起こるから，ここでは(1)だけを説明して，(2)は第10章で取り上げる。

(1) 最も簡単な対処法は，偏角の範囲を制限して，複素数 z が分岐点のまわりをぐるぐる回るのを止めさせることである。そうすれば，1個の z に対して，1個の関数値 w が対応するから，1価関数になる。

(2) リーマン面というものを使って，複素平面を拡張して考える。

切断

ところで，(1)の話は既に第2章に出てきた。偏角の範囲を31ページの図2.5(a)または図2.5(b)のように制限するという取り決めが，それである。この取り決めをさらにハッキリと示したのが，図8.1である。ここでは，複素平面という1枚の紙が，(a)では正の実軸に沿って切断されており，(b)では負の実軸に沿って切断されている。分岐点をもつ関数を考え

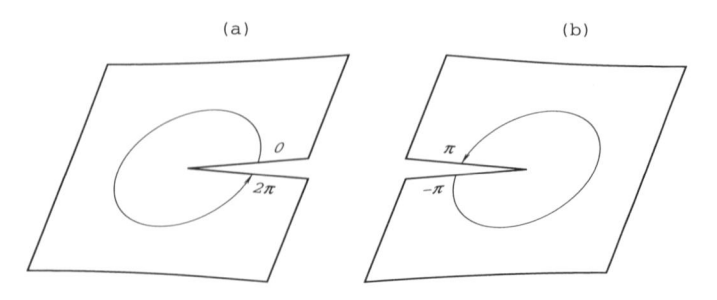

図 8.1 複素平面に切断を入れて，偏角の範囲を制限する

第 8 章 分岐点をもつ関数

る場合には，このように，複素平面に**切断**を入れることにより，その関数を 1 価関数として取り扱うことが可能になる．つまり，切断とは，多価関数を 1 価関数に制限する手段である．

[演習問題 8-1] 以下に示す 4 個の複素数 z について，複素平面に図 8.1(a) のような切断を入れたときの $z^{\frac{1}{2}}$ の値を求めよ．
(1) 1 　　(2) i 　　(3) -1 　　(4) $-i$

[演習問題 8-2] 同じ 4 個の複素数について，図 8.1(b) のような切断を入れたときの $z^{\frac{1}{2}}$ の値を求めよ．

『ピンポーン．ずっと前の章のお約束で，「偏角に御用心」の合図がいつか出ることになっていましたね．いまそれが出たと思っていいんでしょうか？』
——うーん．その合図をいつ出すべきか迷っているところでした．
『迷っているなんて，そんないい加減なことでいいんですか？』
——これは，困った．物事というのは何でも，遠くから見ているときには，スパッと答えて，細かいことは付け加えない方が分かりやすい．だから，偏角の 2π の違いは問題にならない，と言っていた．けれども，話がだんだん微妙なところに近づいてくると，スパッとは行かないことも出てくる．ここでスパッとやると，かえって誤解が生じる危険がある．ここは，「迷っている」ということで，ご勘弁いただきたい．ただ，偏角の取扱いには注意を要する，ということだけは言っておきたい．

分岐点をもつ関数の定積分

応用として，分岐点をもつ関数の積分

$$I = \int_0^\infty x^{b-1} f(x) \, dx \quad (b \neq 整数) \tag{8.3}$$

を取り上げよう．この種の積分も，留数定理を利用して計算することができる．この積分が発散しないためには，実数 b と関数 $f(x)$ が一定の条件を満たす必要があるが，うまいことに，計算していく過程の中で，その条件が自動的に分かる仕組みになっている．だから，この条件のことは，と

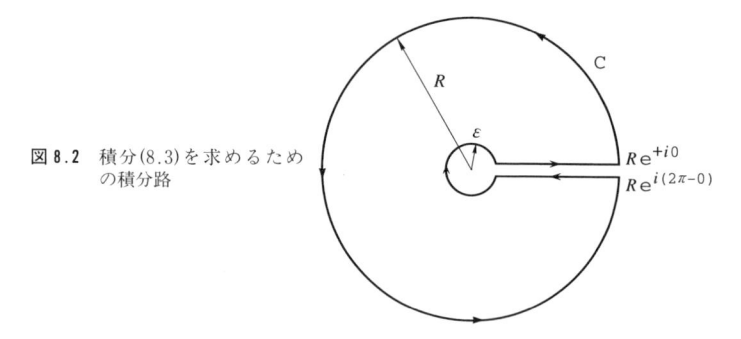

図 8.2 積分(8.3)を求めるための積分路

りあえず気にしなくてよい。関数 $f(x)$ は，具体的な方が分かりやすいから，

$$f(z) = \frac{1}{z+1} \tag{8.4}$$

としておこう。

これまでに何度も経験したように，留数定理を利用するためには，閉じた積分路をとる必要がある。いまは，$z=0$ に分岐点を持つ関数の積分を考えているから，複素 z 平面に切断を入れる必要がある。ここでは，図 8.1(a)のように切断を入れる。すなわち，z の偏角 $\arg(z)$ の範囲を

$$0 \leqq \arg(z) < 2\pi \tag{8.5}$$

と制限する。そして，図 8.2 に示す積分路 C を考える。なぜこんな積分路を選ぶとうまくいくのかは，計算が進むにつれて次第に分かる。ここから先の計算はちょっと長いが，正確に理解したい読者は，ていねいに読んでいただきたい。

この積分路は，次のようになっている。外側の円は，半径 R の大きな円である。計算の最後の段階では，$R \to \infty$ の極限をとる。内側の円は，半径 ε の小さな円である。こちらの方は，$\varepsilon \to 0$ の極限をとる。このほかに，2つの円をつなぐ2本の直線部分がある。

はじめに留数定理を使うと

$$\oint_C z^{b-1} f(z) \, dz = 2\pi i \sum (z^{b-1} f(z) \text{ の留数}) \tag{8.6}$$

が成り立つ。一方，左辺の積分は，次のように，4つの部分の和

(8.6)の左辺 = $I_{上直線} + I_{下直線} + I_{大円} + I_{小円}$ (8.7)

に分解できる。

実軸の直上では $\arg(z) = +0$ だから，$z = xe^{i0} = x$ である。したがって，実軸直上を右向きに進む積分 $I_{上直線}$ は

$$I_{上直線} = \int_\varepsilon^R x^{b-1} f(x) \, dx \tag{8.8}$$

である。ここで $R \to \infty$，$\varepsilon \to 0$ の極限を取れば，(8.8)は求める積分(8.3)に移行する。

一方，実軸の直下を反対向きに進む積分 $I_{下直線}$ については，注意を要する。図8.1(a)あるいは図8.2から分かるように，実軸直下の複素数 z は，偏角 $\arg(z) = 2\pi - 0$ をもつので，$z = xe^{2\pi i}$ と表される。したがって，

$$I_{下直線} = \int_R^\varepsilon (xe^{2\pi i})^{b-1} f(x) \, dx \, e^{2\pi i} \tag{8.9}$$

となる。(8.9)式のかっこの中の $e^{2\pi i}$ を単純に1とおくことは許されない。なぜなら，それは，始めの表(101ページ)のあたりで説明したように，ベキ乗関数の変数になっているからである。これに対して $f(xe^{2\pi i})$ の方は，(8.4)のような関数形であって，ベキ乗を含まないから，$f(x)$ と書き換えてよい。

(8.9)は，積分の上限と下限を入れ換えて，

$$I_{下直線} = -e^{2\pi ib} \int_\varepsilon^R x^{b-1} f(x) \, dx \tag{8.10}$$

と変形できる。さらに $R \to \infty$，$\varepsilon \to 0$ の極限をとれば，(8.3)の I を用いて

$$I_{下直線} = -e^{2\pi bi} I \tag{8.11}$$

が得られる。

ここで，もしも，2個の円に沿った積分 $I_{大円}$ と $I_{小円}$ が両方とも0になれば，これまでに得られた式(8.6, 7, 8, 11)から

$$(1 - e^{2\pi bi})I = 2\pi i \sum (z^{b-1} f(z) \text{ の留数})$$

が成り立つので，積分 I が

$$I = \frac{2\pi i}{1 - e^{2\pi bi}} \sum (z^{b-1} f(z) \text{ の留数}) \tag{8.12}$$

により得られる。

では，(8.12)右辺の留数を求めよう．留数を求めるときにも，偏角に注意が必要である．いま考えている関数(8.4)は，
$$z = -1$$
に極をもつ．その偏角は，(8.5)の範囲にあることが既に指定されている．したがって，極は，
$$z = e^{\pi i} \tag{8.13}$$
にある．もしもここを誤って，$z = e^{-\pi i}$ とすると，正しい結果が得られない．留数の値は
$$\mathrm{Res}(e^{\pi i}) = (e^{\pi i})^{b-1} = -e^{\pi b i}$$
であるから，これを(8.12)に使って，
$$I = \frac{-2\pi i\, e^{\pi b i}}{1 - e^{2\pi b i}} = \frac{\pi}{\sin(\pi b)} \tag{8.14}$$
という結果が得られた．

ところで，計算はまだ終りではない．2つの円の上の積分がどちらも 0 になることを示す必要がある．

半径 R の大円上の積分は，これまでと同様に
$$z = Re^{i\theta}$$
とおくことにより，
$$I_{大円} = \int_0^{2\pi} \frac{(Re^{i\theta})^{b-1}}{Re^{i\theta} + 1} i Re^{i\theta}\, d\theta \tag{8.15}$$
と変形できる．$R \to \infty$ のとき，被積分関数は R^{b-1} に比例するから，
$$b < 1 \tag{8.16}$$
ならば，
$$R \to \infty \text{ のとき } I_{大円} \to 0$$
となる．

半径 ε の小円についても，これと同様に
$$z = \varepsilon e^{i\theta}$$
とおけば

第8章 分岐点をもつ関数

$$I_{小円} = \int_{2\pi}^{0} \frac{(\varepsilon e^{i\theta})^{b-1}}{\varepsilon e^{i\theta}+1} i\varepsilon e^{i\theta} \, d\theta \tag{8.17}$$

と変形できる。$\varepsilon \to 0$ のとき，被積分関数は ε^b に比例するから，

$$0 < b \tag{8.18}$$

ならば，

$$\varepsilon \to 0 \text{ のとき } I_{小円} \to 0$$

となる。

以上により，(8.14)式は，実数 b が条件

$$0 < b < 1 \tag{8.19}$$

を満たすときに成り立つことが分かる。

[演習問題 8-3] 以下の定積分を計算せよ。

(1) $\displaystyle\int_0^\infty \frac{x^{b-1}}{x-i} \, dx = \frac{\pi i}{\sin(\pi b)} e^{-\pi bi/2} \quad (0<b<1)$

(2) $\displaystyle\int_0^\infty \frac{x^{b-1}}{x+i} \, dx = -\frac{\pi i}{\sin(\pi b)} e^{\pi bi/2} \quad (0<b<1)$

(3) $\displaystyle\int_0^\infty \frac{x^b}{(x+1)^2} \, dx = \frac{\pi b}{\sin(\pi b)} \quad (-1<b<1)$

(4) $\displaystyle\int_0^\infty \frac{x^{b-1}}{x^a+1} \, dx = \frac{\pi}{a\sin(\pi b/a)} \quad (0<b<a)$

ヒント：$x^a = y$ とおいて変数変換する。

(5) $\displaystyle\int_0^\infty \frac{x^2}{x^4+1} \, dx = \frac{\pi}{2\sqrt{2}}$

[演習問題 8-4] 本文中では，偏角の範囲を(8.5)のように制限して積分(8.3)を求めた。この範囲を

$$-2\pi < \arg(z) \leqq 0 \tag{8.20}$$

と変更すると，どこがどう違ってくるかを調べよ。

多価関数

『ピンポーン。この章もおしまいのようなので，始めに戻って，多価関数ということについて，もう少し説明していただけませんか？』

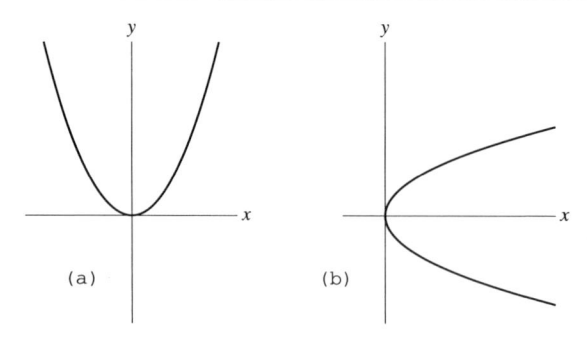

図 8.3　(a) $y=x^2$, (b) $y=\pm\sqrt{x}$ のグラフ

——はい。高等学校の数学の教科書を一式開いてみましたが，1価関数とか多価関数という言葉は見あたらないようです。多分，大学に入ってから習う言葉なのでしょう。でも，その芽は高校数学の中にも潜んでいます。

　実数の関数の場合について，分かりやすい例を挙げてみよう。
$$y = x^2$$
という関係をグラフに描くと，図 8.3(a) となる。これは，もちろん 1 価関数である。x の値を指定すると，それに対応して y の値が 1 個決まるからだ。では，ここで，x と y を入れ換えてみよう。
$$y^2 = x$$
これをグラフに描くと，図 8.3(b) となる。今度は，x の値を指定すると，y の値が 2 個決まる。つまり，y が x の 2 価関数になっている。実数の世界では，この関係を
$$y = \pm\sqrt{x}$$
と表す。

　複素数 z に対しても，これにならって
$$w = \pm\sqrt{z}$$
と書けばよさそうなものだが，この書き方はあまりしない。
$$w = z^{\frac{1}{2}} \quad \text{あるいは} \quad w = \sqrt{z}$$
とだけ書く。z の偏角について何も指定していなければ，これで 2 価関数と了解するのが普通である。たとえば，偏角について何も言わずに演習問題 8-1 が出された場合の答は，

(1)　± 1　　(2)　$\pm e^{i\pi/4}$　　(3)　$\pm i$　　(4)　$\pm e^{-i\pi/4}$

となる。また，もし，偏角について何か制限を設けている場合には，その制限に従って1価関数と解釈する。これが，演習問題 8-1 と 8-2 であった。

複素関数の中で，多価性の最たるものが対数関数 $\log z$ である。複素数 z を最も一般の極形式

$$z = r\, e^{i(\theta + 2n\pi)} \quad (n\text{は整数}) \tag{8.21}$$

に表すと，整数 n がいくつであっても，(8.21)の z は複素平面上の同一の点を（したがって，同一の複素数を）表すが，その log は

$$w = \log z = \log r + i(\theta + 2n\pi) \tag{8.22}$$

となる。この w は，無限個の整数 n に対応して，無限個の異なる値をとる。したがって，複素関数の世界では，$\log z$ は無限多価関数である。

指数関数の定義は

『ピンポーン。もう一つ，ずっと気にかかっていることがあるんですが……。ベキ乗関数と関係のありそうなことですから，ここで質問してもいいですか？』

——どんなことでしょう。

『ずっと前の章で，指数関数が出てきました。その定義は……複素数 z ではなしに，実数 x を使って書くと

$$e^x = \sum_{n=0}^{\infty} \frac{x^n}{n!} = 1 + \frac{x}{1!} + \frac{x^2}{2!} + \frac{x^3}{3!} + \cdots\cdots \tag{8.23}$$

ということでした。分からないのは，ここで，なぜ立体の e を使って e^x と（あるいは $\exp(x)$ と）書くのかということです。e という数の x 乗なのだから，e^x と書けばいいはずなのに……。それから，もっと言うと，e という数の x 乗として定義されているものを，わざわざ(8.23)のように定義し直すのはおかしいと思います。』

——細かい違い（e と e の違い）によく気がつきましたね。それでは，高等学校の数学に戻って考えましょう。まず，整数 n については，

$$e^n = (e)^n \tag{8.24}$$

は
$$e = 2.718281828459\cdots\cdots \text{ (舟人は庭一杯に梯子おく)} \quad (8.25)$$
という数の n 乗である。これは，問題ありません。では，「e という数の x 乗」というのは，どうやって定義されるのでしょうか？

『それは……。昔の教科書を開いてみないと……。』

——では，高等学校の教科書を開いてみましょう。

『x が有理数 m/n のときには，$e^x = \sqrt[n]{e^m}$ と定義される，と書いてあります。』

——実数には，有理数と無理数がありますが，無理数の場合，たとえば $x=\sqrt{2}$ のときの e^x の定義は書かれていますか？

『見あたりません。この教科書には無いようです。』

——ということは，e という数のナントカ乗は，整数については定義されているが，実数についてはきちんとは定義されていない。ましてや，ナントカが複素数のときには，どう定義していいかわからない……。

しかし，そういう関数が無いのは不便である。ということで定義したのが，(8.23)の e^x なのである。どういう条件をつけて，この関数 e^x を定義したかというと，「x が整数 n のときに

$$e^n = e^n \quad \text{(すべての整数 } n \text{ について)} \quad (8.26)$$

が成り立つ」という条件をつけた。

(8.23)の e^x がこの条件を満たすことは，簡単に示すことができる。まず，$n=1$ とおくと

$$e^1 = 1 + \frac{1}{1!} + \frac{1}{2!} + \frac{1}{3!} + \cdots\cdots \quad (8.27)$$

となるが，この値は，(8.25)の e に等しい。また，指数関数の定義から，(2.10)式，すなわち

$$e^{m+n} = e^m e^n$$

が成り立つ。以上のことから，(8.26)が証明された。

『ということは，整数 n の関数として定義されている e^n を実数 x に拡張したものが(8.23)だということ……。』

——その通りです。複素数 z にまで拡張したものです。そのことをハッ

キリしておきたかったので，e^z と書いたのですが，でも，よく分かっているのならば，e^z と書いても構いません……定義が (8.23) あるいは (2.7) であることを認識できていれば。

ベキ乗関数の定義は

『そうすると，ベキ乗関数 z^b というのも，z という複素数の b 乗では**ない**ということになる……。』

——その通りです。もしもそういうものがほしかったら，きちんと定義する必要がある。いままでその定義をサボっていました。これまでのところは，上のような質問に気づかないだろうと思ってサボっていたのですが，正確には，
$$z^b = e^{b \log z} \tag{8.28}$$
が，その定義です。ここで b は，実数でも複素数でも構いません。この式から分かるように，ベキ乗関数の多価性は，対数関数の多価性に由来すると言えます。

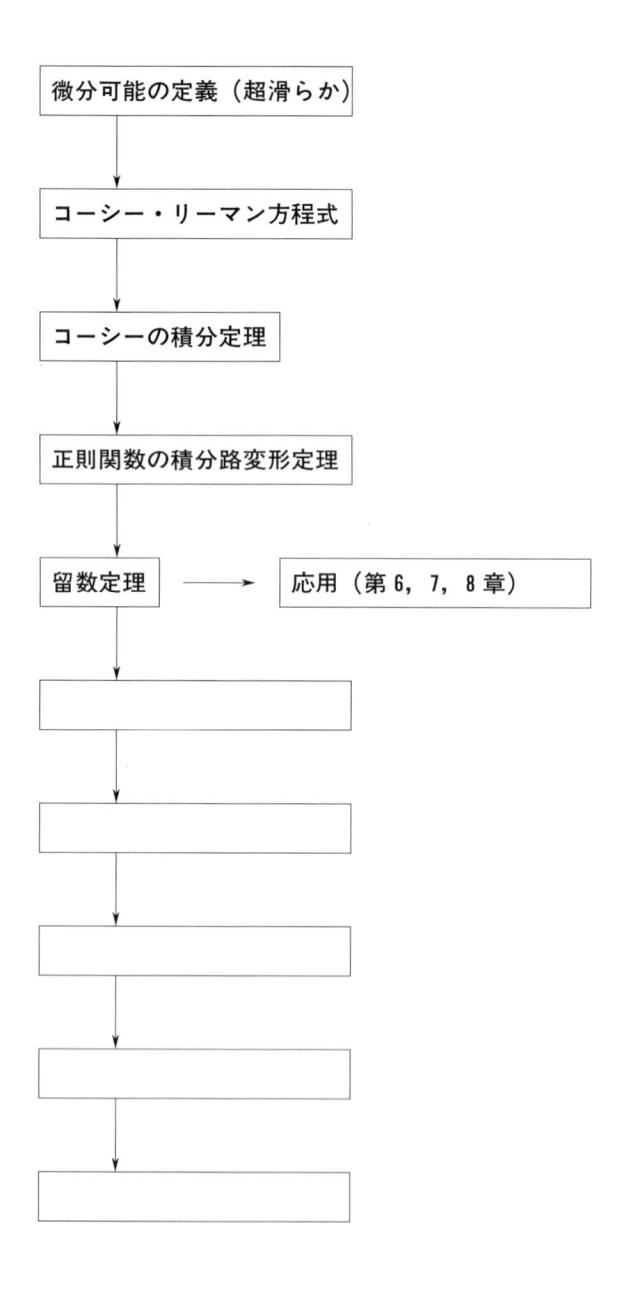

微分可能の定義（超滑らか）
↓
コーシー・リーマン方程式
↓
コーシーの積分定理
↓
正則関数の積分路変形定理
↓
留数定理 ⟶ 応用（第 6, 7, 8 章）

第9章
解析接続へ

流れ図
前回は，第3章の終りのあたりで流れ図を示した．この図を再掲して，その続きを加えると，左ページのようになる．

ふたたび始まる物語
定積分の計算は応用として重要なので，しばらくそちらの方に力を入れてきたが，複素関数の理論の本筋から見れば，道草と言える——もちろん，それは，足を止めて眺めるに値する道草であったが．

さてここで，この流れの本流に戻って，その先を進もう．なお，この流れ図の下の部分は空白にしておくので，読者みずからの手で少しずつ補って，完成していただきたい．

では，始めよう．

et tu, Brute!
『ピンポーン．』
——おや，まだ話が始まらないうちから何でしょうか．
『この先は，どうやら，定理・証明，またその次は，定理・証明……という繰り返しで，普通の数学の本と違わないように見えるんです……．ああいうスタイルは，ハッキリ言って嫌いです．この本は，少なくともこれまでは，ちょっと違っていたので，何とかついてこれたのですが……何とか

ならないでしょうか。』

——うーん。応用のために数学を勉強している人で、定理・証明というスタイルが好きな人は、たしかにあまりいないでしょうね。では、とりあえず、こういうことにしましょう。証明の嫌いな人は、ここから先は拾い読みをして下さい。例とか意味などが書いてあって、分かるところだけでよいから、読んでみて下さい。それで、もし『どうしてそういうことになるのかな』という気持ちが働くようだったら、必要に応じて戻って、定理や証明を読んでごらんなさい。読む順序は好きなようにして構わないのです。そういうことでいいですか？

『はい。それなら、だいぶ気がラクです。』

コーシーの積分公式

関数 $f(z)$ が複素平面上の閉曲線 C の上とその内部 D で(図 9.1)正則とする。このとき、D 内の任意の複素数 z_0 における関数値 $f(z_0)$ は、C に沿って一周する積分により

$$f(z_0) = \frac{1}{2\pi i} \oint_C \frac{f(z)}{z-z_0} dz \tag{9.1}$$

と表すことができる。

証明 留数定理を使って容易に証明できる。(9.1)において、$f(z)$ は正則であるから、被積分関数 $f(z)/(z-z_0)$ は $z=z_0$ に 1 位の極を持つ。この極での留数の値から（タイプ[A]）、(9.1)の左辺が得られる。□

この定理は、証明も簡単であるし、一見して何でもないように見えるが、実は驚くべき内容を含んでいる。

図 9.1 (9.1)式の積分路 C

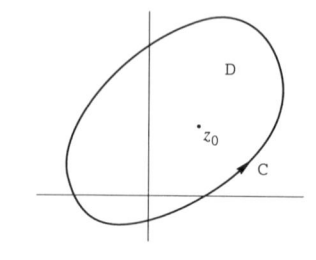

積分(9.1)を実行するためには，閉曲線 C の上だけで関数 $f(z)$ の値が与えられていればよい．つまり，閉曲線の上で関数値が知られていれば，内部のすべての点における値が決まってしまう．これは，我々が普通何となく考えている関数のイメージとは，だいぶ様子が違う．どうしてそんなことになっているかというと，$f(z)$ に「正則」という条件が課されているからである．第3章で言い換えたように，正則（微分可能）とは，あらゆる方向に滑らか＝超滑らかということである．超滑らかさを備えた関数ならば，そういうことがあってもおかしくはないだろう．つまり，閉曲線に沿って関数値を指定して，あとは「超滑らか」という条件を付けるだけで，内部の関数値はすべて自動的に決まってしまう――それが，コーシーの積分公式の言っていることである．

グルサの公式

コーシーの積分公式(9.1)を z_0 について微分すると，

$$f'(z_0) = \frac{1}{2\pi i} \oint_C \frac{f(z)}{(z-z_0)^2} \, dz \tag{9.2a}$$

という式が得られる．これをさらに z_0 について微分すれば

$$f''(z_0) = \frac{2}{2\pi i} \oint_C \frac{f(z)}{(z-z_0)^3} \, dz \tag{9.2b}$$

さらに何回も z_0 について微分すれば，n 階微分係数が

$$f^{(n)}(z_0) = \frac{n!}{2\pi i} \oint_C \frac{f(z)}{(z-z_0)^{n+1}} \, dz \tag{9.2c}$$

により与えられる．この(9.2c)を**グルサ(Goursat)の公式**という．

この公式そのものは，応用上いろいろに使われるが，ここでは，むしろその意味を説明しておこう．

グルサの公式は，正則な関数 $f(z)$ の n 階微分係数が存在することを保証する．流れ図に戻って見ていただきたい．出発点の段階で，「微分可能」として要求したのは，1回微分可能ということだけであった．それが回りまわって，ここに到って，何回でも微分可能ということになった．つまり，複素関数は，1回微分可能であれば，自動的に何回でも微分可能にな

っている。これは，実数の関数と非常に違う点である。実数の関数の場合には，問 3.1 の例で分かるように，1 回微分可能ではあるが 2 回微分不可能な関数は，いくらでも存在する。けれども複素数の関数では，そういうことはない。複素関数の立場から見れば，実関数の微分可能とは，「単に実軸に沿って滑らか」という狭いものであったが，複素関数が微分可能と言えば，超滑らかさが要求される。その滑らかさの程度が，じつは，尋常なものではなく，「何回でも微分可能」という驚くほどの滑らかさだということが，ここで判明したのである。

テイラー展開

これまでに何回かテイラー展開の話が出てきたが，今回が最後の総まとめである。正則な関数は，いつでもベキ級数に展開できる。その展開がテイラー展開である。

正則な関数 $f(z)$ をある複素数 a のまわりでベキ級数に展開するという問題を，次の方針に沿って考えよう。いま，a から最も近い特異点までの距離を R とする（この R がベキ級数の収束半径であることは，あとで分かる）。そして

$$r < R \tag{9.3}$$

を満たす任意の r を半径とする円 C を a のまわりに描く（図 9.2）。このとき，関数 $f(z)$ は，

$$|z-a| \leq r < R \tag{9.4}$$

の領域で正則である。したがって，円内の任意の複素数 z に対して，コ

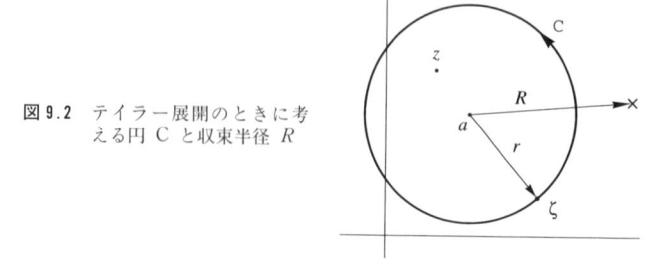

図 9.2 テイラー展開のときに考える円 C と収束半径 R

ーシーの積分公式 (9.1) により ($z\to\xi$, $z_0\to z$ と書き換えて)

$$f(z) = \frac{1}{2\pi i} \oint_C \frac{f(\xi)}{\xi-z} \, d\xi \tag{9.5}$$

が成り立つ。ここで ξ は円 C の上の複素数を表すから,

$$|\xi-a| = r \tag{9.6}$$

である。一方, z は円内の複素数であるから

$$|z-a| < r \tag{9.7}$$

である。したがって,

$$\frac{|z-a|}{|\xi-a|} < 1 \tag{9.8}$$

が成り立つ。そこで, 66 ページの公式 (4.9) を用いて

$$\frac{1}{\xi-z} = \frac{1}{\xi-a-(z-a)} = \frac{1}{\xi-a} \frac{1}{1-\dfrac{z-a}{\xi-a}}$$

$$= \frac{1}{\xi-a} \sum_{n=0}^{\infty} \left(\frac{z-a}{\xi-a}\right)^n \tag{9.9}$$

と展開できる。これを (9.5) に代入すれば

$$f(z) = \sum_{n=0}^{\infty} (z-a)^n \frac{1}{2\pi i} \oint_C \frac{f(\xi)}{(\xi-a)^{n+1}} \, d\xi$$

という式が得られる。右辺の積分は, グルサの公式 (9.2 c) が使える形であるから,

$$f(z) = \sum_{n=0}^{\infty} \frac{f^{(n)}(a)}{n!} (z-a)^n \tag{9.10}$$

となって, よく知られたテイラー展開の式が導かれた。

この展開を導くにあたって使った条件は (9.4) であるから, テイラー展開 (9.10) が領域

$$|z-a| < R \tag{9.11}$$

で成り立つこと, すなわち, 収束半径が R であることが分かる。

正則な関数がこのようにテイラー展開可能だということは, ひとつの重要な事実であって,「テイラーの定理」,「展開定理」などと呼ばれる。こ

の展開は,実関数のテイラー展開と形式的に同じであるが,その背後の含みにはかなりの違いがある。正則な複素関数は,実関数の場合と違って,何回でも微分可能であるから,(9.10)のすべての係数の存在が保証されており,その結果として,テイラー展開が可能になっている。また,収束半径の決まり方も明快である。

一致の定理

正則な関数がテイラー展開可能だということを使って,一致の定理が導かれる。はじめに,この定理を述べ,次に証明し,最後に定理の意味を説明しよう。

「複素平面上のある領域Dにおいて,2つの関数 $f(z), g(z)$ が正則である。Dの内部のある領域を D_0 とする。このとき,もしも D_0 において $f(z)=g(z)$ であるならば,Dにおいて $f(z)=g(z)$ である。」

これが,一致の定理である。少し説明を加えておこう。領域 D_0 は,図9.3(a)のような面状の領域でもよいし,図9.3(b)のような線状の領域でもよい。さらに詳しく言えば,D内に集積点を持つ点列でもよいのだが,要するに,無限個の点から成る領域と思っておけば,大体において間違いない。

この定理では,関数 $f(z)$ と $g(z)$ に,どちらも《正則》という条件が課されている。これが,定理の成立条件として重要である。もちろん,このような条件を何も課さなければ,こんな定理が成り立つはずはない。

証明 関数 $f(z)$ と $g(z)$ の差の関数

$$h(z) = f(z) - g(z)$$

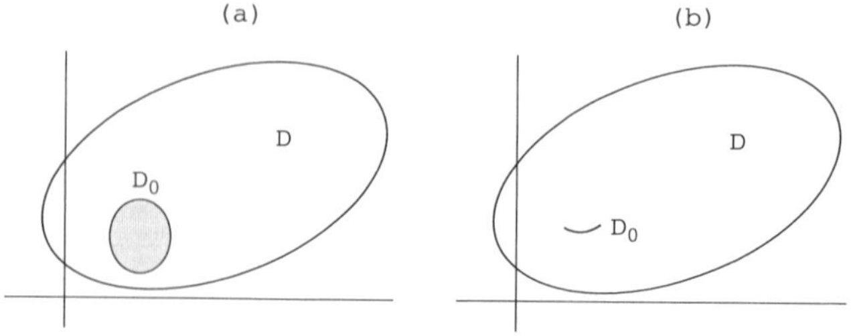

図 9.3 一致の定理を考えるときの領域 D とその内部の領域 D_0

を定義しよう。Dにおいて$f(z)$, $g(z)$がどちらも正則であるから，$h(z)$もまた正則である。したがって，展開定理により，D内の点aを中心とするある領域Eで$h(z)$をテイラー展開できる。領域Eとしては，その中にD_0（あるいは，D_0の一部分）を含む領域を考える。テイラー展開の結果を

$$h(z) = \sum_{n=0}^{\infty} A_n(z-a)^n \tag{9.12}$$

としよう。ところで，条件によりD_0内の無限個の点において$h(z)=0$である。ベキ級数(9.12)がこのようにD_0内の無限個の点において0であるためには，(9.12)の係数がすべて0でなければならない。係数A_nがすべて0であれば，恒等的に$h(z)=0$である。こうして，領域D_0の外においても$f(z)=g(z)$が成り立つことが証明された。□

一致の定理が意味すること

一致の定理から解析接続までは，「頭の体操」のような趣がある。展開定理のように，式を使った証明ならば，計算を追いかけて行けば分かる。しかし，ここでは言葉（論理）が前面に出てくるため，分かりにくくなっている。もちろん，定理をていねいに読めば理屈の上では分かるはずなのだが，残念ながら，ヒトの頭はそれほど論理的にはできていないようで，一般的な説明だけでは，頭に入りにくい。簡単な例を挙げて説明してみよう。

ひとつの関数として

$$f(z) = \cos z$$

を採用する。この関数は，$z=\infty$に特異点（真性特異点）を持つが，それ以外の複素平面全体で正則である（特異点を持たない）。そこで，この例では，領域Dを複素平面全体とする。

もうひとつの関数として，

$$g(z) = \sin\left(z+\frac{\pi}{2}\right)$$

を採用する。こちらの関数も，Dにおいて正則である。

領域 D_0 としては，実軸（$-\infty < x < +\infty$）をとる。もちろん，この D_0 は，D の部分領域になっている。さて，高等学校の数学で，

$$\cos x = \sin\left(x + \frac{\pi}{2}\right) \quad (x \text{ は実数}) \tag{9.13}$$

が成り立つことはよく知っているはずだ。どういう証明のやり方だったかは知らないが，とにかく，任意の実数 x について (9.13) は正しい。

これだけの前提で，一致の定理は何を主張するか。それは，領域 D において，つまり，複素平面全体にわたって，

$$f(z) = g(z)$$

であるということ，すなわち

$$\cos z = \sin\left(z + \frac{\pi}{2}\right) \quad (z \text{ は複素数}) \tag{9.14}$$

が成り立つことを保証する。理屈の上では，(9.13) を実数について証明したからと言って，複素数について (9.14) が成り立つかどうかは，分からない。本来，(9.14) は，複素数 z について改めて証明すべきものである。ところが，一致の定理は，そういう証明をしなくてもいいんですよ，と言ってくれるのである。もちろん，その保証には前提がある。考えている関数が正則だという前提である。

こういうことがあるので，実数についてこれまでに知っている関係は，そのまま複素数でも成り立つ。たとえば

$$\sin^2 x + \cos^2 x = 1 \tag{9.15}$$

が実数について成り立つことはよく知っているけれども，複素数 z について

$$\sin^2 z + \cos^2 z = 1 \tag{9.16}$$

が成り立つんだろうか？ とか，(9.15) は三平方の定理（ピタゴラスの定理）を使うと分かりやすく証明できるけれど，あれは実数 x の場合に限られる……複素数 z については (9.16) をどうやって証明したらいいんだろう，などという心配は全く不要である。

「一致」とは

『ピンポーン。「一致」という言葉の感じがまだピンと来ませんが……』
——では，(9.14)とか(9.16)のような式のことを何と呼びますか？
『すべての複素数 z について成り立つ……ではいけないんですか？』
——いけないことは，ありませんが……。それでは，もっと身近な式で
$$(a+b)^2 = a^2 + 2ab + b^2 \tag{9.17}$$
こういう種類の式を何と呼びますか？
『それは，高校1年のときに習いました。もちろん，恒等式です。』
——そうですね。使われている変数がどんな値をとるときでも成り立つ式を恒等式と言いますね。(9.14)も(9.16)も恒等式です。一致の定理では，2つの関数が等しい値を持つ，一致する，という言い方になりますが，実は，「2つの関数が恒等的に等しい」ということを言っているのです。

英語でどう言うかをいちいち持ち出すのは，良いことではないかも知れませんが，「一致の定理」は "identity theorem" を翻訳した言葉です。identity という言葉は，日本語でもそのまま使われていますが，数学用語としては，「恒等式」という意味です。「一致」と言うと，たまたま一致した，というようなニュアンスも感じられますが，ここは，そうではなくて，$f(z)=g(z)$ が恒等式として成り立つ——すなわち，$f(z)$ と $g(z)$ を区別するのは無意味であって，実は同一の (identical) 関数であると言っているのです。実際，(9.14)の左辺と右辺は，ほとんど区別する必要がない同一の関数になっています。この感じが分かっていると，次に出てくる解析接続の意味がつかみやすいでしょう。

解析接続の補助定理

一致の定理の意味を理解していれば，解析接続は，話が早い。しかし，頭の体操を少しでも楽にするために，その準備を定理の形で述べておこう。とくに名前のつけられていない定理なので，ここでは，「解析接続の補助定理」と呼んでおく。

「領域 D_0 において関数 $f_0(z)$ が定義されている。このとき，D_0 を含む広い領域 D において正則であって，かつ D_0 において

$$f(z) = f_0(z)$$

を満たす関数 $f(z)$ は,もし存在するならば,ただ一つに限られる。」

証明 仮にそのような関数が2個存在するとしよう。一致の定理によれば,そのような2個の関数 $f(z)$, $g(z)$ は,Dにおいて同一の関数である。したがって,上の条件を満たす関数は,ただ一つしかない。□

この定理は,一致の定理から導かれるから,DとD$_0$の関係は同じである。すなわち,D$_0$は面状の広がりを持った領域(図9.3(a))でも線分(図9.3(b))でも,どちらでもよい。

ここでも,念のために,簡単な例を添えておこう。領域D$_0$として,実軸上の短い線分

$$0 < x < 1$$

をとる。端の点がD$_0$の中に含まれているかいないかは,ここでは問題にならない(どちらでもよい)。関数 $f_0(z)$ を

$$f_0(x) = x^2 \quad (\text{ただし, } 0 < x < 1) \tag{9.18}$$

としよう。上の定理は,このとき,どんなことを主張するか。

「(9.18)を満たす正則な複素関数は,あるかもしれない,ないかもしれない。それは,我輩の関知するところではない。だが,もしもあるとすれば,それはただ一つしかない。」 (9.19)

ということである。

解析接続

上の定理を基にして,解析接続という概念が生まれる。これも,少し堅い言葉になるが,まとまった形で書いておこう。

「領域D$_0$において関数 $f_0(z)$ が定義されている。このとき,D$_0$を含む広い領域Dにおいて正則であって,かつD$_0$において

$$f(z) = f_0(z)$$

を満たす関数 $f(z)$ を,**何らかの手段により構成**したとする。このような関数は,上の定理により,ただ一つしか存在しえない。このようにしてDにおいて確定する正則な関数 $f(z)$ を,領域Dへの $f_0(z)$ の**解析接続**(あるいは解析的延長)という。また,このような手続きそのものも解析接続

と呼ぶ。」

いくつかの例

ここから先は，上の内容を一般的に説明するよりも，解析接続の具体例を挙げながら説明していくことにしよう。

解析接続の一つの分かりにくさは，関数 $f(z)$ をどうやって用意するかが述べられていない点にある。多くの教科書では，テイラー展開を利用した解析接続の一般的な説明が書かれていて，それは数学的には確かにその通りなのであるが，かえって解析接続を近づきにくいものにしている。解析接続の実際の手続きで，テイラー展開を使うことは，まずない。使うとしても，頭の中だけのことであるし，実際に解析接続を使う現場では，もっと簡便に解析接続が行われている。

例 9.1 はじめに，(9.18) の解析接続を考えてみよう。上に「何らかの手段により」と書かれているように，関数 $f(z)$ を見つける作業は，ユーザの手に委ねられている。だが，いまの場合，(9.18) を満たす正則な複素関数を「見つける」ことは簡単だ。それは，もちろん

$$f(z) = z^2 \quad (複素平面全体で) \tag{9.20}$$

である。この関数は，複素平面全体で正則である。こうして，ごく短い線分 D_0 の上だけで定義された関数 (9.18) が複素平面全体に解析接続された。

言葉を換えて言うと，解析接続とは，正則関数によって関数の定義域を D_0 から D へ拡大することにほかならない。

ごくわずかな領域だけで定義されていた関数が，広大な領域へ**一意的に**拡張されるということは，驚きに値する。なぜなら，1 cm とか 1 mm あるいは 1 µm のごくごく短い線の上だけで定義されている関数から，宇宙全体に拡がった広大な平面上の関数値が一意的に決まる，ということなのだから。たとえば，$\sin x$ を実軸上のごく短い線分の上で定義しただけで，複素平面全体での $\sin z$ の振舞いが完全に決まってしまう。実軸方向に周期 2π で振動し，虚軸の方向には指数関数のように振舞う——ということが，完全に規定される。それもこれも，超滑らかという制限が関数に課さ

れているからである。「あらゆる方向に滑らか」という厳しい制限を満たすことを要求すれば，ごく小さな領域で関数値を定義してやっただけで，後は自動的に広い領域で関数値が確定してしまうのである。

また，この例から分かるように，実軸の上で定義済みの関数は，x のところを z と書き換える（それで「見つけた」ことになる）だけで，複素平面へ解析接続される。そして，その関数が実数 x に対して持っていた種々の性質は，多くの場合，そのまま複素数に対しても保持される。

ここで少し振り返ってみると，こういう兆候は，これまでにも見えていた。コーシーの積分公式がそれである。コーシーの積分公式では，閉曲線の上で関数値を指定すると，その内部での関数値が自動的に決まるようになっていた。ところが，超滑らかさの意味するものは，実は，そんな程度のことではなかったのだ。ごくごく小さな部分だけから，全体が一意的に決まるという驚くべき構造になっているのである。

例 9.2 二番目の例として，第 3 章 39 ページの問 3.1 の関数

$$f_0(x) = \begin{cases} x^2 & (x \geq 0 \text{ のとき}) \\ -x^2 & (x < 0 \text{ のとき}) \end{cases} \tag{9.21}$$

を取り上げよう。ここでは，

$D_0 =$ 実軸

$D =$ 複素平面全体

と考えている。上の関数 (9.21) を領域 D へ解析接続することは可能だろうか。それには，何らかの手段により (9.21) を満たす正則関数を作り上げることが必要である。実際には，それは不可能なので，この場合には，解析接続が不可能である。なぜ不可能かというと，領域 D_0 を 2 つに分けて，正の実軸から複素平面へ解析接続を行えば z^2 という関数が得られ，負の実軸から複素平面へ解析接続を行えば $-z^2$ という関数が得られ，この両者が複素平面上で異なる関数であるから——したがって，求める一つの正則関数が存在しないからである。ここでは，「正則」という条件が利いている。もしも「正則」という条件を外してよいのであれば，単なる定義域の拡大は，いろいろ可能である。

例 9.3 今度は，ベキ級数により定義された関数
$$f_0(z) = 1 + z + z^2 + z^3 + \cdots\cdots \tag{9.22}$$
を解析接続するという問題を考えよう．この級数は，原点を中心とする半径1の円内
$$|z| < 1 \tag{9.23}$$
で収束する．(9.23)が，この場合の領域D_0である(図9.4)．

この関数をD_0の外へ解析接続するには，何かの関数$f(z)$を「思いつく」必要がある．(9.22)の級数を計算すれば，容易に
$$f(z) = \frac{1}{1-z} \tag{9.24}$$
を「思いつく」だろう．この$f(z)$は$z=1$に1位の極を持つが，それ以外は複素平面全体で正則である．したがって，領域Dは，$z=1$を除く複素平面全体である（無限遠点を含めてもよい）．以上のようにして，D_0で定義された関数(9.22)から，Dで定義された関数(9.24)への解析接続がなされた．

解析接続は「開け，胡麻！」

上の場合には，解析接続の実際の手順は，いたって簡単である．無限級数(9.22)から(9.24)を得る．そこで一言「解析接続」と唱えればよい．それだけである．それによって，定義域がD_0からDへ拡大される．誤解を恐れずに言えば，まぁ「開け，胡麻！」と同じようなものだ．第1章で出

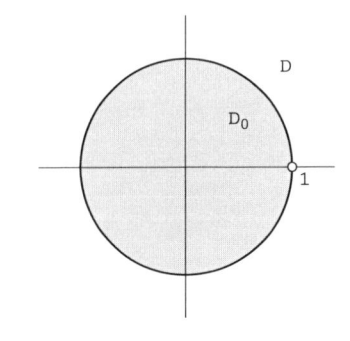

図9.4 解析接続の例9.3

てきた例も，これと同じである。

例 9.4 分かりやすい解析接続の例をさらに示そう．領域 D_0 として，複素平面の右半分 $\mathrm{Re}(z) \geqq 0$ を考え，いま仮に三角関数

$$f_0(z) = \sin z \quad (\text{ただし，} \mathrm{Re}(z) \geqq 0) \tag{9.25}$$

が D_0 だけで定義されているものとしよう（複素平面の左半分で定義しておくのを誰かが忘れたと思えばよい）．このとき，$f_0(z)$ を左半面へ解析接続するには，いくつかの方法があるが，ひとつの方法として，三角関数の周期性を利用して解析接続するという手がある．すなわち，右半面では周期性

$$\sin z = \sin(z+2\pi) \tag{9.26}$$

が成り立っているから，

$$f(z) = \sin(z+2\pi) \tag{9.27}$$

により，

$$-2\pi \leqq \mathrm{Re}(z) < +\infty \tag{9.28}$$

の領域に (9.25) を解析接続することができる（図 9.5）．

この場合，解析接続の条件が満たされていることは，次のようにして理解できる．$f_0(z)$ が z の正則関数であるから，それを使って (9.27) により定義された関数 $f(z)$ は，(9.28) の領域 D で正則である．しかも，(9.27) の $f(z)$ は $\mathrm{Re}(z) \geqq 0$ の領域（図 9.5 の二重斜線領域）で $f_0(z)$ に一致する．したがって，(9.27) により定義される $f(z)$ は，$f_0(z)$ の解析接続である．

この操作をどんどん繰り返せば，ついには，左半面全体にわたって解析接続がなされる．

例 9.5 いまの例は作った例であって，実際上の意味はないが，これ

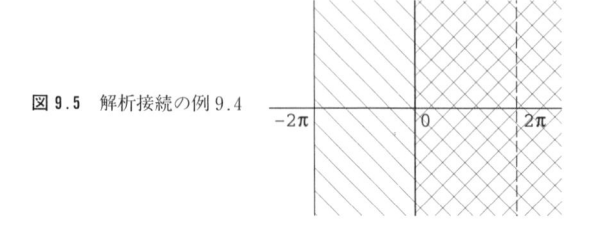

図 9.5 解析接続の例 9.4

と類似の例が，ガンマ関数に見られる。ガンマ関数 $\Gamma(z)$ は，積分

$$\Gamma(z) = \int_0^\infty u^{z-1}\,\mathrm{e}^{-u}\,\mathrm{d}u \tag{9.29}$$

により定義される関数である。この積分が発散しないためには

$$\mathrm{Re}(z) > 0 \tag{9.30}$$

が必要である。すなわち，(9.29)により定義されたガンマ関数の定義域 D_0 は，(9.30)である。ところが，部分積分によりすぐに確かめられるように，ガンマ関数は，

$$\Gamma(z+1) = z\,\Gamma(z) \tag{9.31}$$

という性質を持つ。本来(9.31)は(9.30)の範囲だけで成り立つ関係であるが，この関係を利用して

$$\Gamma(z) = \frac{\Gamma(z+1)}{z} \tag{9.32}$$

により，$-1 < \mathrm{Re}(z)$ の領域へ $\Gamma(z)$ を解析接続することができる。何度もこの操作を繰り返せば，ついには，複素平面の左半分全体にガンマ関数を解析接続することができる。

『ピンポーン。「解析」という言葉が説明なしに突然とび出してきたように思います。「正則」と「解析」とは，どういう関係があるのですか？それから，なぜ「解析接続」と言うのですか？』

——あぁ，うっかりして忘れていました。「解析的」とは，「正則」と同じ意味です。一般に，何かの関数がある領域で正則なとき，その関数が正則であるとも，解析的であるとも言います。

それから，なぜ「解析接続」という言葉を使うかですが，解析接続とは，単なる定義域の拡大ではありません。関数に「正則」という条件がついていることから分かると思います。つまり，可能な限り正則性（解析性）＝超滑らかさを保って定義域を拡大するのが，解析接続です。この正則性により，接続の一意性が保証されるのです。

『それから，もうひとつ。(9.32)を使って解析接続できるというあたりを，ていねいに説明していただけませんか？』

——ひとつ前の例と同じことなのですが，ていねいに言うと次のようになります．

念のために繰り返すと，ガンマ関数 $\Gamma(z)$ は，(9.30)の領域 D_0 で定義された正則な関数であり，(9.31)という性質を持つ．そこで，
$$-1 < \mathrm{Re}(z)$$
の領域の z に対して
$$f(z) = \frac{\Gamma(z+1)}{z} \tag{9.33}$$
により $f(z)$ という関数を定義する．これがガンマ関数の解析接続であることを主張するためには，次の2つの条件が満たされていればよい．

① この $f(z)$ が正則である．$\Gamma(z+1)$ が z の正則関数であるから，(9.33)により定義される $f(z)$ は，原点を除く $-1 < \mathrm{Re}(z)$ の領域で正則である．

② (9.30)の領域で $f(z)$ が $\Gamma(z)$ に一致する．これは，(9.31)により保証されている．

この説明から分かるように，ガンマ関数に限らず，一般に，もとの定義域 D_0 において(9.32)あるいはそれに類似した関係が成り立っていて，それをもとにして①と②を主張できれば，解析接続が可能である．

ガンマ関数

『もうひとつ，別の質問です．ガンマ関数ってどんな感じの関数なのでしょうか？』

——定義が(9.29)であることは分かるけれども，どんな意味を持つ関数なのかという質問ですか？

『はい，そうです．』

——では，少しガンマ関数の説明をしましょう．

ガンマ関数の定義(9.29)で $z=1$ とおくと，
$$\Gamma(1) = 1 \tag{9.34}$$
であることは，すぐに分かる．これと，(9.31)の性質を組み合わせると，正の整数 n に対して

$$\Gamma(n+1) = n \times (n-1) \times \cdots\cdots \times 2 \times 1 \times \Gamma(1)$$
$$= n! \qquad (9.35)$$

が得られる。このように，ガンマ関数は，階乗 $n!$ を実数および複素数へ拡張したものと見ることができる。また，ガンマ関数を知っていれば，

$$0! = 1 \qquad (9.36)$$

であることも自然に納得できる。ガンマ関数と階乗との関係は，次のような図式で示すと分かりやすい。

正整数 n	$\longrightarrow$	実数 x	$\longrightarrow$	複素数 z
階乗 $n!$	$\longrightarrow$	$\Gamma(x+1)$	$\longrightarrow$	$\Gamma(z+1)$

つまり，階乗はもともと正の整数 n について定義されているが，n を実数に，さらに複素数 z に拡張すると，階乗 $n!$ がガンマ関数 $\Gamma(z+1)$ に移行する。

ガンマ関数は階乗の解析接続？

『ピンポーン。それも解析接続なのですか？』
——ガンマ関数 $\Gamma(z+1)$ は，すべての正整数 n について階乗 $n!$ と一致する正則関数ですから，$\Gamma(z+1)$ は $n!$ の一種の解析接続であると言えます。
『これまでと違って，何となく歯切れの悪い話し方ですが，何かウラがありそう……。』
——しまった，感づかれたか……。まだまだ私も修行が足りないようだ。初めての読者は，以下のようなことを気にせずに，読みとばす方がよいのだが……。
　今の場合，もとの関数 $n!$ の定義域は
$$D_0 = \{\text{すべての正整数}\}$$
である。このように D_0 が点列の場合には，その収束する先の点（集積点）が D の中に含まれており，しかも，そこで $f(z)$ が正則でなければならない。ところが $\Gamma(z)$ という関数は，（正整数の集積点である）無限遠

点に真性特異点を持つ。このため，一致の定理は成立しない。したがって，

$$n! \to \Gamma(z+1) \tag{9.37}$$

という拡張の一意性は保証されない。拡張の一意性が「解析接続」という概念の基本的に重要な点なのだが，今はそれが保証されていない。たとえば，

$$n! \to \Gamma(z+1)\cos(2\pi z)$$

という拡張も，不自然ではあるが，許される。という次第で，(9.37)を解析接続と呼ぶことはできない。けれども，ガンマ関数に初めて出会った読者は，こういうことに気を取られるよりも，むしろ(9.37)を《解析接続のようなもの》として受け入れる方が分かりやすいだろう。

[演習問題 9-1] 以下の関数を解析接続せよ。定義域の示されていない関数については，その定義域を示せ。

(1) 実数 x について定義された関数
$$f_1(x) = |x|$$

(2) 無限級数により定義される関数
$$f_2(z) = 1 - 2z^2 + 4z^4 - 8z^6 + 16z^8 - + \cdots\cdots$$

(3) 積分により定義される関数
$$f_3(z) = \int_0^\infty e^{-(z-2+i)u}\,du$$

(4) 原点を中心とする半径 ε の小さな円の内部で定義され，
$$f_4(z) = 2[f_4(z/2)]^2 - 1$$
を満たす正則な関数 $f_4(z)$

(5) 積分により定義される関数
$$f_5(z) = \int_0^\infty \frac{u^{z-1}}{u+1}\,du$$

(6) 虚軸上の点列 $z_n = in$ （ただし，$n = 1, 2, 3, \cdots\cdots$）の上で定義された関数
$$f_6(z_n) = \frac{1}{n^2+4}$$

第10章
リーマン面

切り紙細工

本題に入る前に、ここで読者に簡単な切り紙細工をしていただこう。

　　　　用意するもの： 紙 2枚，はさみ，糊

では，用意ができた人から早速始めよう。誰にでもできる簡単な作業だ。まず，2枚の紙を図10.1のようにはさみで切る。切り方は2枚とも同じだから，重ねて切ってよい。紙の中心のところまではさみを入れる。切り終わりましたか？

そうしたら，図に「2π」と印をつけてある部分にほんの少し糊をつけて，互いに貼り合わせ，2枚の紙をつなぐ。糊しろは，できるだけ小さく取って，継ぎ目が目立たないようにきれいに貼り合わせてください。貼り終わって乾いたら，次へ進みます。

さて，その次は，2枚の紙の「0」という印と「4π」という印をつけて

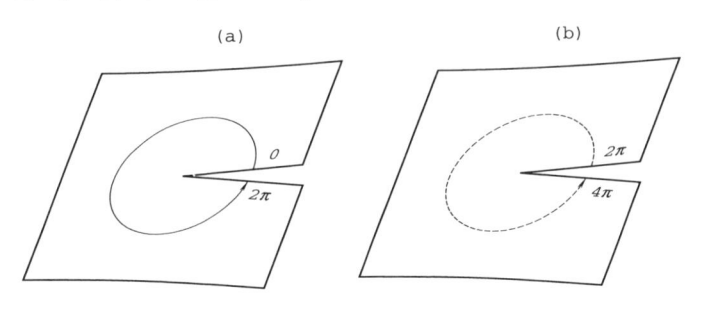

(a)　　　　　　　　　　　　　(b)

図 10.1　ベキ乗関数 $z^{\frac{1}{2}}$ に対するリーマン面を作る

あるところを，たがいに貼り合わせて下さい。
『ピンポーン。そんなことはできません。』
——そうですか。できませんか。残念ですね。では，しかたがありません。頭の中で貼り合わせて下さい……。できましたか？
『頭の中で貼り合わせる……。まぁなんとかできたような感じです。』
——それで，その紙の面の上を，中心のまわりに回っていくと，どんな感じになるでしょうか？
『えーっと……。1回まわると，次の面に移る。』
——もう1回まわると，どうなるでしょう。
『もう1回まわると，……もとの面に戻ってきます。なんだか不思議な面……。』
——こういう面のことを**リーマン面**と言います。それで，その頭の中にあるリーマン面の絵を描くことはできますか？
『えっ，これをほかの人が見て分かるように絵に描くんですか？』
——はい。
『そんなこと，無理です。だって，紙を切ってつなげないものが，絵に描けるわけがない……。そうでしょう？』
——そうですね。無理を言ってすみませんでした。できない，ということをハッキリ分かってもらいたかったのです。ところで，このリーマン面をどこかで経験したことはありませんか？
『数学でこんなことを習ったことはありません。』
——数学のことを言っているのではありません。たとえば，コンピュータのゲームとか……。
『あっ，それだったら，あります，あります。地下の迷宮に入り込んで……。迷路の中を1回ぐるっとまわって，もとの所へ戻ってくるかと思ったら全然違うところに出て……。それで，もう1回まわったら，もとの所へ戻ってきた……。』
——それだったら，切り紙細工の必要はありませんでした。

ふたたび分岐点

第8章で分岐点の説明をした.そこでの説明を要約すると,ベキ乗関数 z^b ($b \neq$ 整数) の場合,z が原点のまわりを一周して元の値に戻ったとき,関数値 z^b は元に戻らないことを知った.一般にある点のまわりを z が一周したときに関数が元の値に戻らない場合,その点を分岐点と呼ぶ.分岐点は,孤立特異点の一種である.こういう場合,考えている関数は,1価関数ではなく,多価関数である.

$z^{\frac{1}{2}}$ を1価関数に

多価関数は考えにくいので,第8章では,z の偏角を制限することにより,無理に1価関数に納めていた.しかし,1価関数にする方法は,もう一つある.それは,複素 z 平面をリーマン面に拡張するという考え方である.

第8章では,z を単位円の上で一周させたときに
$$w = z^b \tag{10.1}$$
がどう変化するかを調べた.今度は,同じことを
$$w = z^{\frac{1}{2}} \tag{10.2}$$
について調べてみよう.そして,偏角 θ を0から 2π までではなしに0から 4π まで変化させてみよう.そうすると,

θ	0	$\to$	θ	$\to$	2π	$\to$	4π
z	1	$\to$	$e^{i\theta}$	$\to$	$e^{i2\pi}$	$\to$	$e^{i4\pi}=1$
w	1	$\to$	$e^{i\theta/2}$	$\to$	$e^{i\pi}$	$\to$	$e^{i2\pi}=1$

この表のような結果が得られる.偏角 θ が0から二周して 4π になったときに,w は初めて元の値に戻る.これを図示すると,図10.2のようになる.左側の図では,z が複素平面を原点のまわりに二周する.それに対応して,右側の図では,w が原点のまわりを一周している.こういうわけで,θ の範囲を $[0, 2\pi]$ ではなしに $[0, 4\pi]$ として考えれば,z と w の対応が1対1になって,1価関数が得られる.ただし,そのためには,

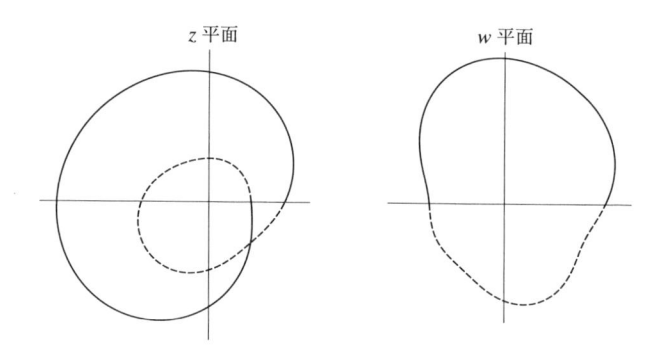

図 10.2　z が原点のまわりを二周したときに w が変化する様子

$\arg(z) = \theta$ のときの z と $\arg(z) = \theta + 2\pi$ のときの z を異なる複素数として区別する必要がある．このように，通常の複素 z 平面では同一の点である 2 つの点 $e^{i\theta}$, $e^{i(\theta+2\pi)}$ を，ベキ乗関数 (10.2) を考えるときには，異なる点として区別するために，はじめに説明したリーマン面が使われる．

『ピンポーン。ここで，「偏角に御用心」の合図が出たのですね？』
——はい。ここは迷わず，「御用心」です。$\theta = 0, 4\pi$ のときの複素数 $z = 1$ と $\theta = 2\pi$ のときの $z = 1$ は，異なるリーマン葉の上にあります。おっと，また定義を忘れていました。図 10.1 のような 2 枚の紙の 1 枚 1 枚をリーマン葉（リーマン・シート）と呼びます。偏角 θ が
$$0 \leqq \theta < 2\pi$$
の範囲にある複素数を片方のリーマン葉が表し，偏角 θ が
$$2\pi \leqq \theta < 4\pi \quad (\text{あるいは，} -2\pi \leqq \theta < 0)$$
の範囲にある複素数を他方のリーマン葉が表します。そして，2 枚のつながった紙全体をリーマン面と呼びます。

切り紙細工をもういちど

『ピンポーン。いま，ちょっと思ったのですが，図 10.1 の切り方は，ずっと前の 31 ページの図 2.5(a) に対応していますね。それなら，図 2.5(b) のように切ったら，リーマン面はどうなるんでしょうか？』

第 10 章 リーマン面

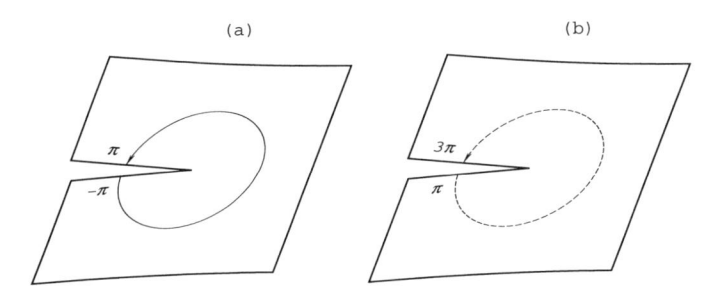

図 10.3 ベキ乗関数 $z^{\frac{1}{2}}$ に対するリーマン面をふたたび作る

——それは,おもしろい。やってみましょう。

　今度は,切り方を変えて,2 枚の紙を図 10.3 のように切ります。つまり,左からはさみを入れて,中心まで切ります。今度も,2 枚の紙を重ねて切って構いません。

　切り終わったら,図に「π」とマークしてあるところ同士を糊でつなぎます。継ぎ目のところがなるべく目立たないように,きれいにつないで下さい。それが終わったら,こんどは「$-\pi$」とマークしてあるところと「3π」とマークしてあるところをつなぎます。

『これも,頭の中でつなぐのですね……。はい,つなぎました。』

——それでは,さっきと同じように,その紙の面の上を,中心のまわりに回ってみて下さい。どんな感じでしょうか?

『えーっと……。1 回まわると,次の面に移っている。もう 1 回まわると,……もとの面に戻っている。』

——さきほどと比べて,何か違いがありますか?

『継ぎ目のことを気にしなければ,全く同じです。図 10.1 のように切ってつないだのと,図 10.3 のように切ってつないだのと,区別がつきません!』

——そうですね。どちらの切り方をしても,リーマン面の構造は同じになるのです。ただし,リーマン葉には,違いがあります。図 10.3 の場合には,偏角 θ が

$$-\pi < \theta \leq \pi \quad (\text{主値})$$

の範囲にある複素数を片方のリーマン葉が表し，偏角 θ が
$$\pi < \theta \leq 3\pi \quad (あるいは, -3\pi < \theta \leq -\pi)$$
の範囲にある複素数を他方のリーマン葉が表します。

$z^{\frac{1}{2}}$ を含む関数の積分

『リーマン面というのがどういうものか，大体分かりました。それで，そのリーマン面というのをどう使うのですか？』

——何かの具体的な計算をする場面で，リーマン面がどういう形で登場するか，というようなことですか？

『はい。そんなようなつもりです。』

——では，例として，
$$I = \int_{z_1(C)}^{z_2} z^{\frac{1}{2}} f(z) \, dz \tag{10.3}$$
という積分を考えてみよう。ここで，$f(z)$ は z の有理関数とする。この積分は，始点 z_1 から経路 C に沿って終点 z_2 まで行われる。

ここで重要なのは，複素数 z_1 と z_2 を普通の形で（実部と虚部により）指定するのでは不十分だということである。リーマン面上のどの点であるか（偏角がいくつであるか）まで指定しなければ，積分の値が定まらない。それは，もちろん $z^{\frac{1}{2}}$ という関数が 2 価関数だからだ。普通の関数ならば，1 価関数だから，実部と虚部を指定すればその値が確定するけれども，今の場合には，偏角がいくらであるかまで言わないと，(10.3) の値が決まらない。

ことのついでに，(10.3) の積分を，ごく簡単な場合について計算してみよう。(10.3) で $f(z) = 1$ として
$$I = \int_{z_1(C)}^{z_2} z^{\frac{1}{2}} \, dz \tag{10.4}$$
としよう。また，始点と終点は
$$z_1 = e^{i0} = 1, \quad z_2 = e^{i2\pi} = 1$$
とする。つまり，1 から 1 までという（普通だったら 0 になる）風変わりな積分だ。積分路 C は，リーマン面上の単位円（この「単位円」は閉じ

ていない！）を反時計回りに一周する経路とする．計算は，これまで何度も出てきたように
$$z = e^{i\theta}$$
とおけば，容易に実行できて，
$$I = \int_0^{2\pi} e^{i\theta/2}\, i\, e^{i\theta}\, d\theta = -\frac{4}{3} \tag{10.5}$$
となる．

どっちがどっち？

『ピンポーン．うまく言えないのですが……．どっちがどっち？……』
——それでは何のことだか分かりませんよ．上の計算は分かるのですか？
『すみません，計算は分かります．数学の問題として(10.4)の積分を計算するというのは，分かります．(10.5)の計算も，その通りになりました．考えている複素数がどちらのリーマン葉の上にあるかによって，結果が違ってくる，ということも分かります．でも……．』
『でも，僕たち/私たちが数学を勉強するのは，物理や工学の問題を数学を使って考えるためです．そういう問題で1という数字が出てきたときに，それが e^{i0} の1なのか，それとも $e^{i2\pi}$ の1なのか，どうやって区別したらいいんですか？ 普通の計算では，複素数を使っていても区別の必要がないようなので，これまであまり気にしていませんでした．でも，それによって結果が違ってくるのでは，何だか恐いような気がします．』
——あぁ，話がそこまで来ましたか．初めての人には，この程度でお茶を濁せるかと思っていたのですが……．

それでは，リーマン面の話をもう少し続けましょう．

またまた切り紙細工

後に続く話を分かりやすくするため，読者に，もう一度だけ切り紙細工におつき合い願いたい．こんどは，これまでとは少し違う．と言っても，違いは，切り方だけである．今回は，図10.4のように，実軸の
$$-1 < x < 1 \tag{10.6}$$

(a)　　　　　　　　(b)

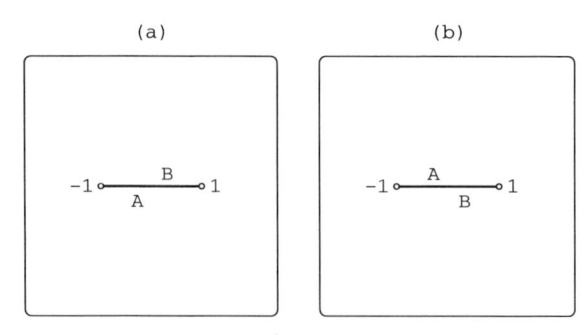

図 10.4　関数 $(z^2-1)^{\frac{1}{2}}$ に対するリーマン面を作る

の部分に，2枚とも同じように切り込み（切断）を入れる。そして，Aとマークした部分同士をつなぐ。次に，Bとマークした部分同士をつなぐ。これも，頭の中の紙でなければ，つなげない。

念のため，ここでも，このリーマン面の上をあれこれ動き回ってみよう。図 10.5 の C のように大回りする経路を動いているときには，一つのシートの上だけに動きが限られる。しかし，1とか -1 のまわりをぐるっと回ると，別のシートに移ることが分かるだろう。

その回りをぐるっと回ったときに関数値が元の値に戻らないのが分岐点であるから，図 10.4，図 10.5 では，$z=1,-1$ を分岐点とする関数

$$w = (z^2-1)^{\frac{1}{2}} \tag{10.7}$$

に対するリーマン面を考えていることが分かる。

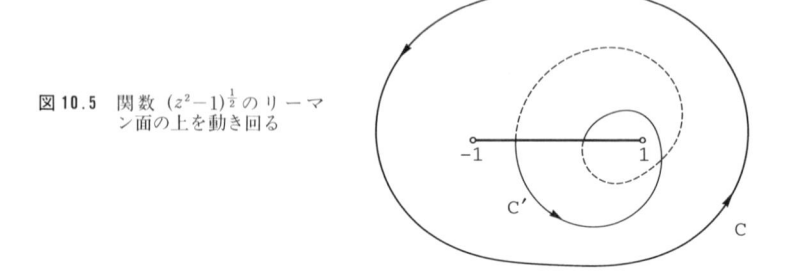

図 10.5　関数 $(z^2-1)^{\frac{1}{2}}$ のリーマン面の上を動き回る

図 10.6 関数 $(z^2-1)^{\frac{1}{2}}$ のリーマン面上の偏角

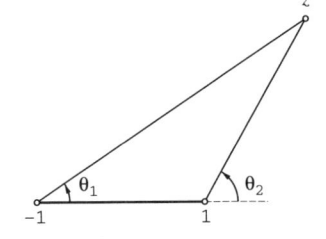

リーマン面と偏角

このリーマン面では，偏角を次のように考える．複素数 z を -1，および 1 から測ったときの偏角をそれぞれ θ_1, θ_2 とすると（図 10.6），
$$z+1 = r_1\,e^{i\theta_1}, \qquad z-1 = r_2\,e^{i\theta_2}$$
のように書けるから，z^2-1 の偏角は
$$\arg(z^2-1) = \theta_1 + \theta_2 \tag{10.8}$$
となる．いま，z が図 10.5 の経路 C に沿って大回りすると，θ_1 と θ_2 はどちらも
$$\theta_1, \theta_2 = 0 \to 2\pi$$
と変化するから，(10.8) は
$$\arg(z^2-1) = 0 \to 4\pi$$
と変化して，$(z^2-1)^{\frac{1}{2}}$ の値はもとに戻る．したがって，z はひとつのリーマン葉の上だけを動く．

一方，z が図の経路 C' に沿って 1 のまわりを小回りに一周すると，θ_1 はもとの値に戻り，θ_2 だけが 2π 増加するので，$\arg(z^2-1)$ は 2π 増える．そのため，関数値はもとの値に戻らない（逆符号になる）．これに対応して，z は他方のシートに移っている．

どっちのシートを取るべきか

以上の準備を踏まえて，演習問題 6-1(4) の定積分
$$f(z) = \int_0^{2\pi} \frac{d\theta}{z+\cos\theta} = 2\pi(z^2-1)^{-\frac{1}{2}} \tag{10.9}$$
を思い出そう．(10.9) が成り立つのは，さしあたり z が実数で

$$z > 1 \quad (\text{ここで} z \text{ は，もちろん実数}) \tag{10.10}$$
の場合だけである。(10.9)が実際の問題とつながりをもつことを強調するために，z というのが，たとえばどんな量を表しているかと言うと，エネルギーとか振動数を表していると思えばよい。これらの量は，本来は実数であるが，場合によって複素数として考えることがある。

z を複素数に拡張した場合，(10.9)はどうなるのだろうか。複素関数の理論によれば，(10.9)のようなベキ乗関数は，2価関数であるから，リーマン面を考えなければならない。そうすると，どっちのシートを取るべきかという問題が発生する。これが，さきほどの質問にあった「どっち」問題である。

このような場合に助けになるのは，前章に出てきた「解析接続」という考え方である。(10.9)は，(10.10)の範囲の実数について成り立っている。もしも z がわずかに虚数部分を含むように拡張されたのであれば，それに対応して，(10.9)を解析接続により複素関数として拡張するのが自然である。この解析接続に対応するのは，$\theta_1 = \theta_2 = 0$ の正実軸が乗っているシートである（もしも他方のシートを採用すれば，(10.10)の z に対して，$\theta_1 + \theta_2 = 2\pi$ となるので，(10.9)に負号がついてしまう）。このように考えれば，上記の「どっち」問題は解決する。

でも，それだけでは不安が残るという人もいるだろう。そういう人は，もっと直接的なやり方で，上の選択が正しいことを確認できる。それには，(10.9)の中の z をあらわに
$$z = x + iy$$
とおいて，考えればよい。このとき，積分(10.9)は，
$$f(x+iy) = \int_0^{2\pi} \frac{x + \cos\theta - iy}{(x+\cos\theta)^2 + y^2} \, d\theta \tag{10.11}$$
となる。(10.11)からは，ひとつのハッキリしたことが言える。すなわち，被積分関数の分母がつねに正であるから，$f(x+iy)$ の虚部は，y と逆の符号をもつ。この条件を満たすのは，今考えているシートである（ここのところは，説明を省略するが，落ち着いて考える必要がある）。

結局，積分により定義された関数(10.9)が意味を持つのは，ひとつのシ

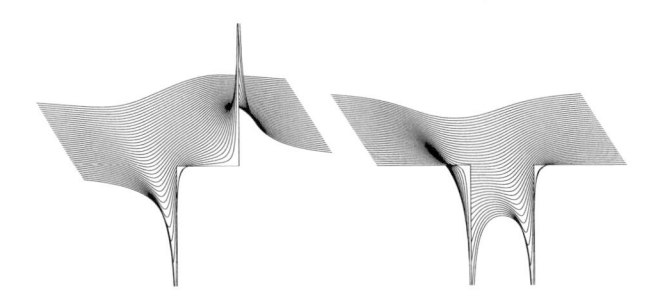

図 10.7 $-4 \leq \mathrm{Re}(z) \leq 4$, $\mathrm{Im}(z) = 0(0.05)1.50$ に対する(10.9)の関数 $f(z)$ の実部(左)と虚部(右)のグラフ

ートだけである。この意味で，このシートを physical sheet，他方のシートを unphysical sheet と呼ぶことがある。どういう日本語に置き換えるのが適当かは分からないが，「現実の世界とつながりをもつ/もたないシート」というような意味である。後者は，高等学校の数学用語の「無縁根」に相当する概念である。

また，領域(10.10)からこの physical sheet への解析接続により，
$$-1 < x < 1$$
の範囲の x に対しては，$\theta_1 = 0$, $\theta_2 = \pm\pi$ であるから，

$$f(x \pm i0) = \mp \frac{2\pi i}{\sqrt{1-x^2}} \tag{10.12}$$

が成り立つことが分かる。さらに，
$$x < -1$$
の範囲の実数については，$\theta_1 = \theta_2 = \pi$ であるから

$$f(x) = -\frac{2\pi}{\sqrt{x^2-1}} \tag{10.13}$$

が成り立つ。これらの様子は，図 10.7 に示す $f(z)$ のグラフからも分かるだろう。

振動数が複素数とは

『ピンポーン。途中で質問するのを遠慮していたのですが……。』
——どうぞ。

『いまの話は，全部は理解できていないような気がします。後でまた，ゆっくり読んで考えることにして……。エネルギーとか振動数が複素数になるというところで驚いてしまいました。振動数というのは，1秒間に何回振動するかという，あの振動数ですね。それが複素数になるなんて……。どういうことなのか説明していただけませんか？』

——あぁ，そのことですか。また，ちょっと口が滑ったかもしれない。なるべく新しい話を持ち出さずに，説明してみましょう。

もうずっと前，たしか第2章だったと思いますが，2階の斉次微分方程式(2.32)を解くという話がありました（24ページ）。これは，減衰振動を表す微分方程式でした。その解が

$$x(t) = A\,e^{(-2+i)t} + B\,e^{(-2-i)t} \tag{10.14}$$

となる。これは，覚えていますか？

『はい。覚えています。』

——この指数関数の部分を $e^{i\omega t}$ と書くと，

$$\omega = \pm 1 + 2\,i \tag{10.15}$$

となります。これが，複素数の振動数（角振動数）です。その意味は，もちろん，(10.14)に戻って見れば，明らかです。(10.14)で指数関数 e^{-2t} という減衰因子がついているから，(10.15)の ω が複素数になったのです。つまり，

$$\begin{aligned} \mathrm{Re}(\omega) &\to 振動数 \\ \mathrm{Im}(\omega) &\to 減衰 \end{aligned} \tag{10.16}$$

という意味を持ちます。こういうわけで，減衰振動の問題では，複素数の振動数がごく自然な形で現れます。

似たような問題として，屈折率もやはり複素数になります。屈折率というのは，物体の中の光の進み方を支配します。もしも，ガラスの中に何か不純物が入っていて光を吸収すると，ガラスの中を伝わる光の強さがだんだん弱くなっていきますね。これは，上の減衰振動の場合と似ています。そして，そういう場合に，光学では，屈折率を複素数として取り扱います。こういうような例は，数え上げれば，ほかにも沢山あるでしょう。こういうことは，もっと前の章に書いておくべきだったかも知れません。

おそらく，ガウスが複素数というものを定義した頃(1832年)は，虚数(imaginary number)というものは，数学の世界だけで意味を持つ，現実の世界とは縁のない「仮想的な」数と考えられていたのでしょう。仮にガウスがこの世に生まれかわって，複素数がこんなにも広く，物理や工学のさまざまの分野で使われているのを見れば，ビックリするに違いありません。「虚数」という名前は，実情に照らしてみれば，不適当な（学生の誤解を招きやすい）言葉であり，実際には，(10.16)のような意味で裏づけのある概念と直接に結びついています。入学したての理系の学生にも複素数を食わず嫌いする学生が少なくないのは残念なことですが，こういうものを使うと，計算が便利になるし，それだけでなく，いろいろの概念を理解するのも容易になるということをよく分かってほしいと思います。

これでおしまい

　これまで，質問にお答えして，複素数とは直接に関係のないようなことまでいろいろ書いてきましたが，お話しすればキリがないようです。ここで，複素数と複素関数の話はひとまず終りとしましょう。最後までおつきあいいただき，ありがとうございました。

演習問題解答

[2-1] $|A|^2 = A_1^2 + A_2^2$, $\text{Re}(A) = A_1$ を使えば,容易である。

[2-2] (1) 分母 $2-i$ を実数化するために,共役複素数 $2+i$ を分子と分母に掛けて,$(2+i)/5$

(2) 同様に,分母を実数化すればよい。$(11+2i)/5$

[2-3] (1) $z = 13 + 13i$ となるから,その複素共役を取って,$z^* = 13 - 13i$. あるいは,$z^* = (5+i)(2-3i) = 13 - 13i$

(2) $(A+iB)^* = A^* - iB^*$ [$A - iB$ は誤りである]

[2-4] (1) この複素数を計算すると,問題 2-2(2)のようになるから,その絶対値を計算すればよい。ただし,もっと簡単なやり方もある。
$|z| = |3-4i|/|1-2i| = 5/\sqrt{5} = \sqrt{5}$

(2) $|A+B| = \sqrt{|A|^2 + |B|^2 + A^*B + AB^*} = \sqrt{|A|^2 + |B|^2 + 2\text{Re}(A^*B)}$

(3) $|2A + 3iB| = \sqrt{4|A|^2 + 9|B|^2 - 12\text{Im}(A^*B)}$

[2-5]

(1) 複素数 $3+2i$ を中心とする半径 1 の円 $(x-3)^2 + (y-2)^2 = 1$

(2) 直線 $y = x$. これは,二点 2 と $2i$ を結ぶ直線の垂直二等分線である。

[2-6] (2.7)の右辺を z について微分して,その結果がもとの式に一致することを示す。

[2-7] $f(z) = e^z$ については,n 階微分係数の値は $f^{(n)}(0) = e^0 = 1$ である。

[2-8] $e^z = e^a + e^a(z-a) + \dfrac{e^a}{2!}(z-a)^2 + \dfrac{e^a}{3!}(z-a)^3 + \cdots\cdots$

[2-9] (2.12),(2.13)の右辺を各項ごとに微分すればよい。

[2-10]

$$\sin z = \sin a + (z-a)\cos a - \frac{\sin a}{2!}(z-a)^2 - \frac{\cos a}{3!}(z-a)^3 + \cdots\cdots$$

[2-11] オイラーの公式を 3 回使う。

$$e^{ix}e^{iy} = e^{i(x+y)} = \cos(x+y) + i\sin(x+y)$$
$$e^{ix}e^{iy} = (\cos x + i\sin x)(\cos y + i\sin y) = \cdots\cdots$$

この両者の実部と虚部をそれぞれ等しいとおく。

[2-12] オイラーの公式(2.15)で θ を $-\theta$ とおけば，cos が偶関数，sin が奇関数であるから，

$$e^{-i\theta} = \cos(-\theta) + i\sin(-\theta) = \cos\theta - i\sin\theta$$

が得られる。これと(2.15)を使えばよい。

[2-13] (1) $e^{\pi i/3} = \cos(\pi/3) + i\sin(\pi/3) = (1+\sqrt{3}i)/2$
(2) i (3) -1 (4) $-i$ (5) 1 (6) $(-1)^n$

[2-14] 絶対値のところで説明したように，2通りの計算方法がある。(2.5)を使う場合には，オイラーの公式(2.15)により z の実部と虚部が示されているから，

$$|z| = \sqrt{(\cos\theta)^2 + (\sin\theta)^2} = 1$$

となる。一方，(2.6)を使う場合には，オイラーの公式は不要であり，

$$|z| = \sqrt{zz^*} = \sqrt{e^{i\theta}e^{-i\theta}} = 1$$

となる。どちらの方が簡単だと思うか？

[2-15] $|z|^2 = zz^* = (2e^{i\theta}+1)(2e^{-i\theta}+1)$
$\qquad = 4 + 2(e^{i\theta}+e^{-i\theta}) + 1 = 5 + 4\cos\theta$

[2-16] $\ddot{x} = 9\cos 3t - 27\sin 3t$, $\quad 4\dot{x} = 36\cos 3t + 12\sin 3t$,
$\quad 5x = -5\cos 3t + 15\sin 3t$, この3つの式を加える。

[2-17] (1) $(3\cos 2t + 2\sin 2t)/26$
$\qquad$ (2) $(-4\cos 2t + 3\sin 2t)/75$

[2-18] $x = e^{-2t}\sin t$ の導関数は，
$\dot{x} = -2e^{-2t}\sin t + e^{-2t}\cos t$
$\ddot{x} = 3e^{-2t}\sin t - 4e^{-2t}\cos t$

これらを微分方程式(2.32)の左辺に代入して，その結果がゼロになることを示す。

[2-19] (1) 特性方程式 $\lambda^2 + 2\lambda + 10 = 0$ を解くと，$\lambda = -1\pm 3i$. このときの基本解は，$e^{-t}\cos 3t$, $e^{-t}\sin 3t$ である。その1次結合 $x(t) = Ae^{-t}\cos 3t + Be^{-t}\sin 3t$ が求める解である。

(2) $x(t) = A\,e^{-3t}\cos 2t + B\,e^{-3t}\sin 2t$

[2-20] 一般解(2.41)の導関数は
$$\dot{x} = (-2C+D)e^{-2t}\cos t + (-C-2D)e^{-2t}\sin t$$
$$+ 3\sin 3t + 9\cos 3t$$
である。初期条件(2.42)の下では
$$x(0) = C - 1 = 6$$
$$\dot{x}(0) = -2C + D + 9 = 0$$
が成り立つ。

[2-21] いずれも，線形の微分方程式であるから，(2.40)を用いて解くことができる。

(1) $A\,e^{-t}\cos 3t + B\,e^{-t}\sin 3t + (3\cos 2t + 2\sin 2t)/26$

(2) $A\,e^{-3t}\cos 2t + B\,e^{-3t}\sin 2t + (-4\cos 2t + 3\sin 2t)/75$

(3) $C\,e^{-2t} + (2\cos t + \sin t)/5$

[2-22] (1) $e^{\pi i/2}$　(2) $e^{\pi i}$　(3) $2e^{\pi i/3}$
　　　　(4) $e^{-\pi i/2}$　(5) $\sqrt{2}e^{-3\pi i/4}$

[2-23] (1) 線形 (2) 線形[斉次/非斉次と線形/非線形は，異なる概念である] (3) 線形 (4) 非線形[$\sin\theta$ は θ の1次式ではない] (5) 線形 (6) 線形 (7) 非線形[v^2 は v の1次式ではない]

[3-1] $u = x^3 - 3xy^2,\ v = 3x^2y - y^3$
$$\partial u/\partial x = 3x^2 - 3y^2 = \partial v/\partial y$$
$$\partial u/\partial y = -6xy = -\partial v/\partial x$$

[3-2] $e^z = e^x e^{iy} = e^x(\cos y + i\sin y)$
$$\partial u/\partial x = e^x \cos y = \partial v/\partial y$$
$$\partial u/\partial y = -e^x \sin y = -\partial v/\partial x$$

[3-3] (1) 一般に2変数の関数 $u(x,y)$ に対して $\Delta x,\ \Delta y$ が微小量ならば
$$u(x+\Delta x, y+\Delta y) - u(x,y) = \frac{\partial u}{\partial x}\Delta x + \frac{\partial u}{\partial y}\Delta y$$
が成り立つこと（全微分の公式）を使う。$v(x,y)$ についても同様の式が

成り立つ。

[3-4] この場合の積分路は，垂直部分と水平部分に分けることができる。垂直部分では $z=0+iy$ であるから，$dz=i\,dy$.

$$I_{垂直} = \int_0^{y_2} iy\, i\, dy = -\frac{1}{2}y_2^2$$

一方，水平部分では，$z=x+iy_2$ であるから，$dz=dx$.

$$I_{水平} = \int_{iy_2}^{z_2} z\, dz = \int_0^{x_2}(x+iy_2)dx = \frac{1}{2}x_2^2 + i\, x_2 y_2$$

この2つを加えると，結果が得られる。

[4-1] ベキ級数(2.7)の係数は $c_n=1/n!$ であるから，$c_n/c_{n+1}=(n+1)!/n!=n+1$. この比は，$n\to\infty$ の極限で無限大になる。したがって，収束半径は $R=\infty$ である。すなわち，指数関数に対するベキ級数(2.7)は，$|z|<\infty$ で収束する。

[4-2] このベキ級数の係数は $c_n=n$ であるから，$c_n/c_{n+1}=n/(n+1)$. この比は，$n\to\infty$ の極限で1になる。したがって，$R=1$

[4-3] (1) 問4.3と同様に，分母を $4-z=4(1-z/4)$ と書き換えると，(4.9)が使える形である。展開の結果は

$$\frac{1}{4} + \frac{z}{4^2} + \frac{z^2}{4^3} + \frac{z^3}{4^4} + \cdots \quad (収束半径=4)$$

(2) (4.9)の両辺を z について微分する。

$$1 - 2z + 3z^2 - 4z^3 + -\cdots \quad (収束半径=1)$$

(3) (4.9)の両辺を z について積分する。

$$z - \frac{1}{2}z^2 + \frac{1}{3}z^3 - \frac{1}{4}z^4 + -\cdots \quad (収束半径=1)$$

$\log(1+z)$ は，$1+z=0$ に分岐点と呼ばれる特異点を持つ。収束半径は，この特異点までの距離によって決まる。

(4) $\dfrac{1}{a^2} - \dfrac{2z}{a^3} + \dfrac{3z^2}{a^4} - \dfrac{4z^3}{a^5} + -\cdots \quad (収束半径=|a|)$

(5) $1 - 2z^2 + 4z^4 - 8z^6 + 16z^8 - +\cdots \quad (収束半径=1/\sqrt{2})$

(6)　$1 - 3z + 6z^2 - + \cdots\cdots + \dfrac{1}{2}(n+1)(n+2)(-1)^n z^n + \cdots\cdots$　(収束半径＝1)

[4-4]

① (4.4) を使う。$\dfrac{c_n}{c_{n+1}} = \dfrac{(2n-1)!!}{2^n n!} \dfrac{2^{n+1}(n+1)!}{(2n+1)!!} = \dfrac{2n+2}{2n+1}$

ここで $n\to\infty$ の極限をとって，$R=1$

② (4.10) の左辺の関数が $z=1$ に特異点 (分岐点) を持つので，$R=1$

[5-1]

(1)　特異点を持たない

(2)　0 が分岐点

(3)　0 が真性特異点

(4)　$-2, 3$ が 1 位の極

(5)　-2 が 2 位の極，3 が 1 位の極

(6)　$\pm i\sqrt{2}$ が 1 位の極

(7)　$\pm 2i$ が 2 位の極

[5-2]　(1)　$1/z^2$ をそのままにして，$1/(1-2z)$ をテイラー展開する。

$$\dfrac{1}{z^2} + \dfrac{2}{z} + 4 + 8z + 16z^2 + 32z^3 + \cdots\cdots$$

留数の値は，$1/z$ の項の係数であるから，$\mathrm{Res}(0)=2$ である。

(2)　指数関数を $z=\pi i$ のまわりでテイラー展開する。

$$\dfrac{-1}{z-\pi i} - 1 - \dfrac{z-\pi i}{2!} - \dfrac{(z-\pi i)^2}{3!} - \cdots\cdots$$

留数は，$\mathrm{Res}(\pi i) = -1$

[5-3]

(1)　$\mathrm{Res}(0) = 2$ [分子を展開する。z^{-1} の項の係数が留数である]

(2)　$\mathrm{Res}(i) = \mathrm{e}^{ib}$ [A]

(3)　$\mathrm{Res}(0) = -1/2$, $\mathrm{Res}(2) = 3/2$ [A]

(4)　$\mathrm{Res}(-1/3) = 1/8$, $\mathrm{Res}(-3) = -1/8$ [A]

前の方の留数の計算は，間違えやすい．$3z+1=3\left(z+\dfrac{1}{3}\right)$ と書き直してから計算するとよい．

(5) $\mathrm{Res}(-1) = b\sin b$ [B]
(6) $\mathrm{Res}(1) = -1/9$ [B], $\mathrm{Res}(-2) = 1/9$ [A]
(7) $\mathrm{Res}(bi) = 1/(bi)$, $\mathrm{Res}(-bi) = -1/(bi)$ [A,C]
(8) $\mathrm{Res}(-i) = -\dfrac{1}{3}$

$\mathrm{Res}(\mathrm{e}^{\pi i/6}) = \dfrac{1}{3}\mathrm{e}^{-\pi i/3}$, $\mathrm{Res}(\mathrm{e}^{5\pi i/6}) = \dfrac{1}{3}\mathrm{e}^{\pi i/3}$ [C]

(9) $\tan z = \sin z/\cos z$ であるから，[C]の場合にあたる．

$\mathrm{Res}\left(\left(n+\dfrac{1}{2}\right)\pi\right) = -1$

(10) $\mathrm{Res}(\mathrm{e}^{\pi i/4}) = \dfrac{1}{4}\mathrm{e}^{-3\pi i/4}$, $\mathrm{Res}(\mathrm{e}^{-\pi i/4}) = \dfrac{1}{4}\mathrm{e}^{3\pi i/4}$

$\mathrm{Res}(\mathrm{e}^{3\pi i/4}) = \dfrac{1}{4}\mathrm{e}^{-\pi i/4}$, $\mathrm{Res}(\mathrm{e}^{-3\pi i/4}) = \dfrac{1}{4}\mathrm{e}^{\pi i/4}$ [C]

(11) $\mathrm{Res}(\pi i) = -1$ [C]
(12) $\mathrm{Res}(2i) = -i/32$, $\mathrm{Res}(-2i) = i/32$ [B]
(13) $z=0$ が真性特異点である．したがって，[A]〜[C]のどのタイプでもない．この場合には，(5.1)式の展開を用いて，z^{-1} の係数を求めればよい．$\mathrm{Res}(0) = 1/6$
(14) $\mathrm{Res}(i/2) = 1/(4i)$, $\mathrm{Res}(-i/2) = -1/(4i)$ [A,C]

[6-1]

(1) 普通は半角公式を使って求める積分であるが，練習として，複素積分を使って計算してみよう．

$$I_1 = \oint_E \dfrac{1}{4i}\left(z + \dfrac{2}{z} + \dfrac{1}{z^3}\right)\mathrm{d}z$$

ここで，留数定理を使うと

$$= 2\pi i\, \mathrm{Res}(0) = 2\pi i\, \dfrac{1}{4i}\, 2 = \pi$$

(2) $I_2 = \oint_E \dfrac{1}{i(3z-1)(3-z)} dz = 2\pi i \operatorname{Res}\left(\dfrac{1}{3}\right)$

(3) $I_3 = \oint_E \dfrac{z^2+1}{2iz(2z-1)(2-z)} dz = 2\pi i \left(\operatorname{Res}(0) + \operatorname{Res}\left(\dfrac{1}{2}\right)\right)$

$\operatorname{Res}(0) = -\dfrac{1}{4i}, \quad \operatorname{Res}\left(\dfrac{1}{2}\right) = \dfrac{5}{12i}$

(4) $I_4 = \oint_E \dfrac{2}{i(z^2+2az+1)} dz$

この場合の極は $z_1, z_2 = -a \pm \sqrt{a^2-1}$ の2個であり,解と係数の関係により,$z_1 z_2 = 1$ を満たす.いま $a > 1$ であるから,$z_2 < -1$ であり,したがって,$-1 < z_1 < 0$ であることが分かる.その結果,$I_4 = 2\pi i \operatorname{Res}(z_1)$ となる.留数は,[A],[C] のどちらのタイプと考えても計算できる.

[6-2] 正式の解答では,積分路をどう選ぶかを図示して,半円上の積分が $R \to \infty$ の極限で 0 になることをきちんと示す必要がある.ここでは,本文の繰り返しになるのを避けるため,留数定理を使ったあとの結果だけを示す.

(1) 上半面の極は $z_1 = -\dfrac{1}{2} + \dfrac{\sqrt{3}}{2} i$

$I_1 = 2\pi i \operatorname{Res}(z_1) = 2\pi i \dfrac{1}{2z_1+1}$

(2) 2つの方法がある.

① $I_2 = 2\pi i (\operatorname{Res}(i) + \operatorname{Res}(3i)) = 2\pi i \left(\dfrac{1}{2i \cdot 8} + \dfrac{1}{-8 \cdot 6i}\right)$

② $I_2 = \dfrac{1}{8} \int_{-\infty}^{\infty} \left(\dfrac{1}{x^2+1} - \dfrac{1}{x^2+9}\right) dx$

と分解して,問 6.2 の結果を使う.

(3) 2つの方法がある.

① $I_3 = 2\pi i \left[\dfrac{d}{dz} \dfrac{1}{(z+ia)^2}\right]_{z=ia} = 2\pi i \dfrac{-2}{(2ia)^3}$

② 問 6.2 の両辺を a について微分する.このように,既知の公式を

演習問題解答　　　　　　　　　　　　　　　*151*

パラメタ（今の場合には a）について微分することにより，新たな公式を生み出す技術は，応用上よく使われる。

(4)　2つの方法がある。

① 積分路を上半面に取れば，$I_4 = 2\pi i (\text{Res}(e^{\pi i/6}) + \text{Res}(e^{5\pi i/6}))$

$\text{Res}(e^{\pi i/6}) = \dfrac{1}{3} e^{-\pi i/3}$, $\text{Res}(e^{5\pi i/6}) = \dfrac{1}{3} e^{\pi i/3}$

② 積分路を下半面に取れば，$I_4 = -2\pi i \, \text{Res}(-i) = -2\pi i \dfrac{1}{3(-i)^2}$

(5)　極 $z = \pm a e^{\pi i/4}$

$$I_5 = 2\pi i \, \text{Res}(a e^{\pi i/4}) = \dfrac{2\pi i}{2a e^{\pi i/4}}$$

(6)　2つの方法がある。

① $I_6 = 2\pi i \, (\text{Res}(z_1) + \text{Res}(z_2)) = 2\pi i \left(\dfrac{1}{4z_1} + \dfrac{1}{4z_2} \right)$

② I_5 の両辺の実部を取る。

(7)　2つの方法がある。

① $I_7 = 2\pi i \, (\text{Res}(z_1) + \text{Res}(z_2)) = 2\pi i \left(\dfrac{1}{4z_1{}^3} + \dfrac{1}{4z_2{}^3} \right)$

② I_5 の両辺の虚部を取る。

[6-3]　(1), (2)　問 6.4 よりもやさしい問題である。なお，(1)の両辺の複素共役をとり，$k \to -k$ と置き換えたものが(2)になっている。

(3)　$k>0$ のときには，上半面に積分路を取る。

$$I_3 = 2\pi i \, \text{Res}(ia) = 2\pi i \dfrac{1}{2} e^{-ka}$$

$k<0$ のときには，下半面に積分路を取る。

$$I_3 = -2\pi i \, \text{Res}(-ia) = -2\pi i \dfrac{1}{2} e^{ka}$$

(4)　2つの方法がある。

① $k>0$ のとき $I_4 = 2\pi i \left[\dfrac{d}{dz} \dfrac{z \, e^{ikz}}{(z+ia)^2} \right]_{z=ia} = 2\pi i \dfrac{k}{4a} e^{-ka}$

② 前問の結果 I_3 を a について微分する。
(5) 問 6.4 の結果の実部を取る。
(6) I_3 の虚部を取る。

[7-1]
(1) $k<0$ なので，図 7.2(b) の積分路を選び，(7.14) を使う。
(2) 問 7.1 の結果で $a=0$, $k=1$ とおく。
(3) 前問の結果の両辺の虚部をとる。なお，この積分は主値積分ではなく，通常の積分である。分母はたしかに $x=0$ のとき 0 になるが，分子 $\sin x$ も同時に 0 になり，$(\sin x)/x$ が $x=0$ で発散しないからである。
(4) 積分路を上半面に選べば，(7.13) により容易である。積分路を下半面に選んで，(7.14) を使っても，同じ結果になる。
(5) 2 つの方法がある。

① (7.13) を使えば，$I_5 = \pi i \dfrac{1}{a^2+b^2} + 2\pi i \dfrac{1}{ib-a} \dfrac{1}{2ib}$

② I_4 の虚部をとる。

(6) $\dfrac{1}{2a} \mathrm{P} \displaystyle\int_{-\infty}^{\infty} \left(\dfrac{1}{a-x} + \dfrac{1}{a+x} \right) e^{ikx} dx$ を計算して実部をとる。

(7) $\dfrac{1}{2} \mathrm{P} \displaystyle\int_{-\infty}^{\infty} \left(\dfrac{1}{x-a} + \dfrac{1}{x+a} \right) e^{ikx} dx$ を計算して虚部をとる。

あるいは，前問の結果を k について微分してもよい。

(8) 2 つの方法がある。

① 主値積分 $\mathrm{P} \displaystyle\int_{-\infty}^{\infty} \dfrac{1-e^{2ix}}{x^2} dx$ を計算して，その実部をとる。

この場合，大きな半円上の積分が 0 になることを確かめる必要がある。また，原点のまわりの小さな半円上での積分では，$z \approx 0$ で被積分関数が

$$\dfrac{1-(1+2iz-2z^2+\cdots\cdots)}{z^2}$$

となることに注意すれば，(7.13) 式の $f(a)$ が

$$f(0) = -2i$$

に等しい。

② ［演習問題 7-1］(3) の結果を使う。$x=2y$ とおけば，
$$\int_{-\infty}^{\infty} \frac{\sin 2y}{y} \, dy = \pi$$
が成り立つ。ここで，倍角公式により $\sin 2y \to 2\sin y \cos y$ と置き換えて，1 回部分積分を行う。

[8-1]　(1)　1　(2)　$e^{i\pi/4}$　(3)　i　(4)　$e^{i3\pi/4}$

[8-2]　(1)　1　(2)　$e^{i\pi/4}$　(3)　i　(4)　$e^{-i\pi/4}$

[8-3]

(1)　極は $z=i=e^{\pi i/2}$，　留数 $=-i\,e^{\pi bi/2}$

(2)　極の偏角を正しく判定できるか，という問題である。

この結果そのものは，前問の複素共役をとることによっても得られる。

(3)　留数は，タイプ [B] として計算できる。$\operatorname{Res}(e^{\pi i})=b(e^{\pi i})^{b-1}$

大円上の積分は，大きな R に対して R^{b-1} に比例する。

小円上の積分は，小さな ε に対して ε^{b+1} に比例する。

$R\to\infty$，$\varepsilon\to 0$ の極限でどちらも 0 になるためには $-1<b<1$

(4)　変数変換 $y=x^a$ により，本文に示した問題に帰着する。
$$bx^{b-1}dx = d(x^b) = d(y^{b/a}) = \cdots\cdots$$

(5)　前問の結果で $a=4$，$b=3$ とおく。演習問題 6-2(6) と比較せよ。

[8-4]　(8.7) 式は，そのまま成り立つ。ただし，実軸の直上では $\arg(z)=-2\pi+0$ であるから，実軸直上を右向きに進む積分 $I_{上直線}$ は
$$I_{上直線} = \int_\varepsilon^R (xe^{-2\pi i})^{b-1} f(x)\,dx \to e^{-2\pi bi} I$$
である。実軸の直下を反対向きに進む積分 $I_{下直線}$ は，
$$I_{下直線} = \int_R^\varepsilon x^{b-1} f(x)\,dx \to -I$$
となる。いま考えている関数 (8.4) は，(8.20) の取り決めにより
$$z = -1 = e^{-\pi i}$$
に極を持つ。2 個の円に沿った積分は同じように消えるから，

$$(\mathrm{e}^{-2\pi bi}-1)\, I = 2\pi i\, (\mathrm{e}^{-\pi i})^{b-1}$$

が成り立つ。これから，同じ結果(8.14)が得られる。

[9-1]
(1) 例9.2と同じ理由により，解析接続できない。

(2) 収束半径Rが(4.4)により$R=1/\sqrt{2}$であるから，定義域D_0は$|z|<1/\sqrt{2}$である。この無限級数は，$z=\pm i/\sqrt{2}$を除く複素平面全体で定義された関数$f(z)=1/(1+2z^2)$に解析接続される。

(3) $f_3(z)$の定義域は$\mathrm{Re}(z)>2$である。これ以外のzに対しては，積分が発散するので，$f_3(z)$が定義されない。この積分は，$z=2-i$を除く複素平面全体で定義された関数$f(z)=1/(z-2+i)$に解析接続される。

(4) $f(z)=2[f_4(z/2)]^2-1$により，半径2εの円に定義域を拡大できる。$f_4(z)$が$|z|<\varepsilon$で正則だから，こうして定義される関数$f(z)$は$|z|<2\varepsilon$で正則である。じっさい，その微分係数$f'(z)$の存在は，

$$f'(z) = 2f_4(z/2)f_4'(z/2)$$

により保証される。しかも，$|z|<\varepsilon$で$f(z)$は$f_4(z)$に一致する。したがって，この$f(z)$は$f_4(z)$の解析接続である。この操作を繰り返せば，複素平面全体に$f_4(z)$を解析接続できる。この性質を持つ関数は，$\cos z$である。

(5) この積分は，第8章の本文中で取り上げた。その定義域D_0は，zが実数ならば$0<z<1$であり，zが複素数ならば$0<\mathrm{Re}(z)<1$である。この積分は，整数を除く複素平面全体で定義された関数$\pi/\sin(\pi z)$に解析接続される。

(6) $z_n \to z$と置き換えることにより，$f(z)=1/(4-z^2)$が得られる。点列$\{z_n\}$の集積点は無限遠点∞であり，この関数$f(z)$は∞で正則であるから，一致の定理の条件を満たしている。したがって，虚軸上の点列$\{z_n\}$で定義された関数$f_6(z_n)$は，上の関数$f(z)$に解析接続される。その定義域Dは，$z=\pm 2$を除く複素平面全体（無限遠点を含む）である。

あとがき（もう一つのまえがき）

　大学で使われる教科書と，高等学校で使われる教科書を並べてみると，そこにははっきりと違いが認められる。落差といってもよいかもしれない。この落差は，数学で最も大きく，次いで物理，さらに続いて化学の順となる。本来，このあいだの接続は十分滑らか（複素関数の意味で微分可能）であることが望ましいのだが，現実には，1回微分可能すら疑わしく，学生によっては，ほとんど不連続だと感じるだろう。このため，学生は自らの手により解析接続を行って，この特異点をなんとか通り抜ける必要に迫られる。この解析接続の作業を，複素数・複素関数について少しでも手助けしようというのが，本書の目的である。――とまぁ数学用語を使って書くと，何と簡潔に分かりやすく書けることか！　えっ，何のことだか分からないって？　そういう方は，ぜひ本書をお読み下さい。

　本書の中では，読者の方に一人登場していただき，「割り込みチャイム」をお渡しして，《感じ》がつかめないところ，疑問に思うことについて，随時ストップをかけ，遠慮のない質問を発していただいた。主として理工系の大学1，2年生／1，2回生を想定しているが，同時にそれはまた，何十年も昔に上記の解析接続に多少の苦みを覚えた若かった頃の著者自身の分身でもある。

　終りに，本書の企画と出版にご尽力いただいた末武親一郎氏（講談社サイエンティフィク）にお礼申し上げる。

索　引

∞　36
$+-, -+$　13
$\oint$　54
$\arg(z)$　30
$\mathrm{Arg}(z)$　32
$\cos z$　13
e^z　12, 109
$\exp(x)$　109
$f^{(n)}(a)$　12
Fortran　34
i　9
identity theorem　121
$\mathrm{Im}(z)$　9
linear　37
LOG　34
$\log z$　109
physical sheet　141
$\mathrm{Re}(z)$　9
$\mathrm{Res}(a)$　75
$\sin z$　13
SQRT　34
$\dot{x}, \ddot{x}$　22
z^*　10
$|z|$　10
z^b　101, 111

イ
1価関数　102, 108
1次　37
一致の定理　118
一般解　23

ウ
運動方程式　20

エ
N 位の極　73
n 乗根　33

オ
オイラーの公式　15
オイラーの公式は美しい　17
オームの法則　37

カ
解析接続　122
解析接続は「開け，胡麻！」　125
解析的な　127
解析的延長　122
階乗　129
外力　20
関数論　61
ガンマ関数　126

キ
基本解　25, 26
強制振動　19
共役複素数　10
極　73
極形式　30
虚数　1, 143
虚数単位　9
虚部　9
近似　68

ク
屈折率　142
グリーンの定理　53
グルサの公式　115

ケ
原始関数　49
減衰振動　24

コ
広義積分　95
コーシーの積分公式　114
コーシーの積分定理　53
コーシー・リーマン方程式　44
交替級数　13
項別積分　63
項別微分　63
孤立特異点　73
コンピュータ　34

サ
三角関数　13

シ
シート　134
指数関数　12, 109
実関数　39
実部　9
集積点　118, 129, 154
収束半径　63, 117
主値積分　96
証明なんか嫌い　113
初等関数　11
真性特異点　73
振動数　142

セ
斉次方程式　24
正則な　46
正則関数の積分路変形定理　57
積分経路（積分路）　51
積分の主値　96
絶対値　10
切断　102

線形な　37
線形微分方程式　38
線形微分方程式の解の公式　27

ソ
相対性理論　18

タ
多価関数　102, 107
ダッシュ・ポット　19, 24
ダンパ　19

チ
超滑らか　43

テ
抵抗力　19
定常　29
定常解　28
定常状態　28
定積分の計算　85
テイラー展開（実関数）　66
テイラー展開（複素関数）　12, 65, 116
テイラー展開は面倒だ　67

ト
同次方程式　24
特異点　47, 73
特異点は関数の「目」　48
特解　21, 23
特解の意味　28
特殊解　23
特殊関数　11
特性方程式　25

ナ
流れ図　57, 113
滑らか　40

ハ
倍角公式　16
バネ　19, 24

ヒ
非線形な　37
微分可能(実数の関数)　39
微分可能(複素数の関数)　41

フ
フーリエ積分　90
フーリエ変換　90
複素関数　41
複素関数論とは　61
複素共役　10
複素数　9
複素積分　49
複素平面　9
負号　20
不定積分　49, 53
分岐点　48, 74, 101

ヘ
閉曲線　54
ベキ級数　63
ベキ乗関数　101, 111

偏角　30
偏角に御用心　59
偏角の主値　32
偏角の範囲　31

マ
摩擦力　19

ム
無縁根　141
無限遠点　36
無限大　34

ユ
有理関数　85

リ
リーマン・シート　134
リーマン面　132
リーマン葉　134
留数　75
留数定理　78
留数の求め方　79

ロ
ローラン展開　75

著者紹介

小野寺嘉孝(おのでらよしたか)

1964年,東京大学工学部物理工学科卒業.
1969年,東京大学工学院博士課程修了,理学博士.
専門は物性物理学理論.
元明治大学理工学部教授.

NDC413 166p 21cm

なっとくシリーズ
なっとくする複素関数(ふくそかんすう)

2000年4月20日　第1刷発行
2019年7月20日　第14刷発行

著　者　小野寺嘉孝(おのでらよしたか)
発行者　渡瀬昌彦
発行所　株式会社　講談社
　　　　〒112-8001　東京都文京区音羽2-12-21
　　　　　販売　(03)5395-4415
　　　　　業務　(03)5395-3615
編　集　株式会社　講談社サイエンティフィク
　　　　代表　矢吹俊吉
　　　　〒162-0825　東京都新宿区神楽坂2-14 ノービィビル
　　　　　編集　(03)3235-3701
印刷所　豊国印刷株式会社・半七写真印刷工業株式会社
製本所　株式会社国宝社

落丁本・乱丁本はご購入書店名を明記の上,講談社業務宛にお送り下さい.送料小社負担にてお取替えします.なお,この本の内容についてのお問い合わせは講談社サイエンティフィク宛にお願いいたします.定価はカバーに表示してあります.

© OnoderaYositaka, 2000

本書のコピー,スキャン,デジタル化等の無断複製は著作権法上での例外を除き禁じられています.本書を代行業者等の第三者に依頼してスキャンやデジタル化することはたとえ個人や家庭内の利用でも著作権法違反です.

JCOPY 〈(社)出版者著作権管理機構 委託出版物〉
複写される場合は,その都度事前に(社)出版者著作権管理機構(電話 03-5244-5088, FAX 03-5244-5089, e-mail: info@jcopy.or.jp)の許諾を得て下さい.

Printed in Japan
ISBN4-06-154526-4

講談社の自然科学書

なっとくする演習・熱力学	小暮陽三／著	本体 2,700 円
なっとくする電子回路	藤井信生／著	本体 2,700 円
なっとくするディジタル電子回路	藤井信生／著	本体 2,700 円
なっとくするフーリエ変換	小暮陽三／著	本体 2,700 円
なっとくする複素関数	小野寺嘉孝／著	本体 2,300 円
なっとくする微分方程式	小寺平治／著	本体 2,700 円
なっとくする行列・ベクトル	川久保勝夫／著	本体 2,700 円
なっとくする数学記号	黒木哲徳／著	本体 2,700 円
なっとくするオイラーとフェルマー	小林昭七／著	本体 2,700 円
なっとくする群・環・体	野﨑昭弘／著	本体 2,700 円
新装版 なっとくする物理数学	都筑卓司／著	本体 2,000 円
新装版 なっとくする量子力学	都筑卓司／著	本体 2,000 円
ゼロから学ぶ微分積分	小島寛之／著	本体 2,500 円
ゼロから学ぶ量子力学	竹内 薫／著	本体 2,500 円
ゼロから学ぶ熱力学	小暮陽三／著	本体 2,500 円
ゼロから学ぶ統計解析	小寺平治／著	本体 2,500 円
ゼロから学ぶベクトル解析	西野友年／著	本体 2,500 円
ゼロから学ぶ線形代数	小島寛之／著	本体 2,500 円
ゼロから学ぶ電子回路	秋田純一／著	本体 2,500 円
ゼロから学ぶディジタル論理回路	秋田純一／著	本体 2,500 円
ゼロから学ぶ超ひも理論	竹内 薫／著	本体 2,100 円
ゼロから学ぶ解析力学	西野友年／著	本体 2,500 円
ゼロから学ぶ統計力学	加藤岳生／著	本体 2,500 円
今日から使えるフーリエ変換	三谷政昭／著	本体 2,500 円
今日から使える微分方程式	飽本一裕／著	本体 2,300 円
今日から使える熱力学	飽本一裕／著	本体 2,300 円
今日から使えるラプラス変換・z変換	三谷政昭／著	本体 2,300 円
今度こそわかる場の理論	西野友年／著	本体 2,900 円
今度こそわかるくりこみ理論	園田英徳／著	本体 2,800 円
今度こそわかる量子コンピューター	西野友年／著	本体 2,900 円

※表示価格は本体価格（税別）です．消費税が別に加算されます． 2019 年 6 月現在

講談社サイエンティフィク　http://www.kspub.co.jp/